本教材为国家动画教学研究基地成果

本教材为浙江省一流线下课程《数字二维动画》项目

柳执一　副主编

余方林

◆ 普通高等学校数字媒体专业"十四五"精品规划教材

数字二维动画

WUHAN UNIVERSITY PRESS

武汉大学出版社

图书在版编目(CIP)数据

数字二维动画/柳执一主编. —武汉:武汉大学出版社,2024.5
普通高等学校数字媒体专业"十四五"精品规划教材
ISBN 978-7-307-24305-7

Ⅰ.数…　Ⅱ.柳…　Ⅲ.动画制作软件—高等学校—教材
Ⅳ.TP391.414

中国国家版本馆 CIP 数据核字(2024)第 045539 号

责任编辑:黄　殊　　　责任校对:李孟潇　　　装帧设计:高　蓬　韩闻锦

出版发行:**武汉大学出版社**　(430072　武昌　珞珈山)
　　　　　(电子邮箱:cbs22@whu.edu.cn 网址:www.wdp.com.cn)
印刷:湖北金海印务有限公司
开本:787×1092　1/16　印张:14　字数:246 千字
版次:2024 年 5 月第 1 版　　2024 年 5 月第 1 次印刷
ISBN 978-7-307-24305-7　　　定价:58.90 元

前　言

　　"数字二维动画"是国内高校数字媒体艺术、动画和艺术设计专业普遍开设的专业课程，也是一门综合性较强的课程，它呈现出学科与技术的统一性，具有知识点多、发展前景好、渗透性强、应用范围广等特点。通过对本课程的学习，学生能够使用 Animate 及其配套软件的使用技巧，掌握一般动画的制作流程，并在参与实际项目及实训过程中增强实践能力。

　　由于计算机技术的高速发展，数字二维动画在影视动画、交互媒体设计与制作等领域的作用和影响越来越大。本教材主要针对高校动画专业教学培养方案中"数字二维动画"课程的教学需要，并结合大量的实践案例来编写，对"数字二维动画"这一重要专业课程的建设、发展中需要解决的问题进行了探讨，并在课程设置、作业设计两个方面融入教学改革理念——在课程设置上，本教材摒弃了大多数动画院校对创作型专业课实行"阶段性授课"的传统模式，而采用了"非阶段性授课"的课程设计，分解了动画设计流程，延长了动画制作周期。在作业设计上，本教材充分利用较长的教学周期，细化作业类型，增加作业次数，提升作业难度，不仅充分突出了教学与动画创作实践的相互促进作用，而且对其他周边课程形成较强的整合效果，让学生的技能得到充分锻炼，"会学会用"。此外，本教材在案例教学中引入了横向课题，即商业案例的创作全过程，并将商业性原创动画短片的制作技巧与经验融入课堂教学。

　　本教材主要供全日制本科高校在校生使用，也可作为高职高专与动画制作培训机构的教材使用。本教材的特点为：一方面，内容编写完全针对动画、数字媒体专业教学需要，尊重专业教学规律，并注重"二三结合"，充分利用周边资源，融合二维、三维动画的创作要点，突破只谈技术而忽视动画创作规律、动画创作技法的局限。另一方面，按照课程思政的要求，在授课、案例、作业等各个教学实践环节中，切实落实立德树人、培根铸魂的根本任务，自觉引导学生深入学习贯彻习近平新时代中国特色社会主义思想，鼓励学生自觉传承和弘扬中华优秀传统文化，全面提高学生的艺术审美和人文素养，增强文化自信。

在此，特别感谢浙江传媒学院动画专业班的学生们在本书编写的过程中给予笔者的大力支持。本书中的所有课程案例都是笔者在日常教学中指导过的原创作品，包括形形色色的作业类型，有长有短、有大有小，最长的如部分毕业设计作品，创作周期接近两年；最短的如课堂练习，不到 2 课时，从这些作品中可以感受到学生敏捷的才思和稳健的作风。这些案例创作时间最早的在 2002 年第一届动画班的结课期，最晚的结束于 2023 年春节前。这些创作者中有动画专业的科班生，有设计专业、广告专业的选修课学生，也有成教班、进修班的成人学员，甚至有些是毫无专业背景、纯属感兴趣来"蹭课"的，但他们都毫无例外地在课堂上展现出自己的才华。其中年龄最大的和最小的创作者，相差 20 岁。创作的工具从最初的奔腾电脑到今天形形色色的数字平台。他们中的很多人，已经成了各动画、设计公司的主力，或成为高校专业教师，继续培养下一代新生力量。回头翻看这些案例，透过文字和画面，仿佛又看到一个个鲜活的面孔，感受到他们在创作中的喜与悲。因此，这本教材也可以说是笔者对 20 年教学生涯的阶段性总结。

编写本书的半年多时间里，正是人工智能工具开始爆发性增长的时期，各界对此议论纷纷，但笔者认为工具的进步一定会提升数字动画的创作质量，真正地将创作者从烦琐的机械性的操作中解放出来，去做自己想做的创意工作——对此，笔者深信不疑。

柳执一

目　录

第一章 "数字二维动画"课程简介与教学重点

第一节 "数字二维动画"课程概要

一、三个常见的问题

(一)"数字二维动画"课程主要的教学目标是什么

"数字二维动画"的教学目标——学生需要在低年级掌握在规定时间内运用合理的艺术构思和动画技术,独立创作一部完整的二维动画短片的能力。低年级的学生普遍缺乏全流程的动画短片创作经历,而通过对本课程的学习,学生能为在高年级进一步开展"联合作业""毕业创作"等大型创作项目积累经验。

可以说,无论使用什么软硬件平台,独立创作一部"速写式"的动画短片是本课程的核心目标。近年来不断发展的数字技术为这一目标的实现提供了坚实的基础和可靠的技术保障。

(二)为什么选择 Animate 作为数字二维动画的主要教学平台

国内开设了动画相关专业的高校曾经多次讨论过"数字二维动画"的首选教学平台问题。经过十多年的实践,普遍的看法还是认为应以 Animate 为主要教学平台,配合 Photoshop 和其他绘图软件,如移动平台的

Procreate 等，是目前效果最好的教学工具，也是效率最高的创作工具。

Animate 作为教学平台，有两个重要的优势。首先，动画专业教学要求全流程的"无纸"动画制作，Animate 是唯一适用于二维动画教学从"前期制作"到"后期合成"全流程的创作工具，加之与其他影视、电脑绘画软件的兼容性较好，易形成通用平台，极大地降低了动画制作的复杂程度、缩短了创作流程、节省了开发成本、提高了教学效率，这使得 Animate 动画成为许多动画学院、动画公司实施产学研一体化活动的首选工具。

Animate 的前身是著名的多媒体动画软件 Flash。Flash 最早伴随 Windows95 出现并于 1995 年底兴起于网络，是制作网络多媒体动画的重要工具。2005 年，Adobe 公司收购 Macromedia 公司及其旗下产品线，为 Flash 动画进入传统影视动画领域提供了重要契机。从此，Animate（Flash）开始与 Adobe 旗下的 Premiere、After Effects、Photoshop 等主流影视、电脑绘画制作平台紧密合作，共同发展。

2015 年 12 月 2 日，Adobe 公司宣布 Flash Professional 更名为 Animate CC，在支持 Flash SWF 文件的基础上，加入了对 HTML5 的支持，并在 2016 年 1 月份发布新版本时，正式更名为"Adobe Animate CC"（缩写为 An）。截至本教材编写的 2023 年 4 月，Animate 2023 为公开发行的最新版。

从此次更名不难看出，Animate 突破了仅仅局限于网络多媒体的应用范围，进一步强化了动画功能。随着 Animate 的动画制作能力日益提升，一些动画学院、培训机构在教学、实践中都将 Animate 动画作为重要的专业主干课程。Animate 作为最经典的矢量动画工具，自然经得起时代的考验。所谓被淘汰的 Flash，是指浏览器插件 Flash Player，只影响浏览器中 SWF 文件的播放。而 Animate 作为 Flash 软件的升级版本，除了保留 Flash 软件的各种功能，还增加了一些新功能，如新的骨骼工具、摄像头工具等，而且在生成动画、视频方面也做了优化，支持动态效果的导出，还支持 mp4 格式视频的嵌入，可用于辅助动画的制作。

其次，Animate 的交互式语言平台使其在多媒体设计领域有着重要的拓展能力，应用范围覆盖诸多领域，如电视广告、网络广告、游戏、演示动画、课件、网页、手机动画等新兴媒体，学好该软件对拓宽就业渠道具有相当重要的作用。

（三）应该选择哪个版本的 Animate

一般在动画创作中很少会只使用某个固定版本的软件，往往都会用一个新版本和一个成熟版本来配合使用。

本课程会使用三个版本的软件来进行教学：首先是最新版本的 Animate 2023，该版本功能强大，界面布局科学，对新硬件平台优化合理；其次是 Flash cs6，虽然这个版本推出于 2013 年，距今已有 10 年之久，但目前仍然是各大动画公司的主力创作平台，它简洁实用、兼容性强，加之对硬件要求很低，也是本课程推荐的重要软件；最后是 Flash cs3，该版本对于新手是最友好的，可用于本课程前半部分的基础教学。

二、两个建议

(一)"数字二维动画"课程应采取"非阶段性"授课模式

大多数美术、设计学院的专业课程采用阶段性集中授课的方式，但经过长期的教学实践，本课程教学团队发现具有较高创作要求的课程采用非阶段性授课模式的效果更好——长周期，小课时，有利于学生巩固所学，有利于增加课后作业、自习的时间，有利于学生充分酝酿创意、提升作品质量。

(二)"数字二维动画"课程应采取"作品形式"考核方式

毫无疑问，对于数字动画课程，学生需要学习很多软件方面的基础知识，需要系统、深入地掌握操作技巧，才能在实践中举一反三、灵活运用，但因此把考核方式变成上机操作考试，那就违背了该课程设立的初心。首先，软件的功能会不断地随着版本的更新迭代而变得越来越强大，让用户操作变得越来越简单。其次，软件平台的更换速度也越来越快，单纯考核软件操作，反而很难检验学生的实际水平。所以，本课程最合适的考核方式是独立创作动画作品，这样才能全面地考查学生的综合实战能力（见图 1-1）。

三、动画创作中的主要问题

(一)时间、物质成本

一部动画片的创作，从宏观角度来看，要大致经过三个阶段，即前期的剧本创作、角色设定的创意阶段，到中期的分镜头台本创作、原画稿和设计稿创作、场景设计阶段，再到后期的中间画制作、音效及后期制作阶段。可以说，越靠后的阶段，消耗的刚性工作量也就越大。目前，动画专业的师生创作一部实验性动画短片，在保证一定质量的前提下，整个创作周期中的人均进度能够达到每天一秒已经是相当不错了。大多数配合不默契的团队往往达不到这个速度。学生制作一部时长为 3 到 5 分钟的动画短片的周期，绝大多数情况下为 6 到 8 个月，两个学期左右的跨度。据笔者在动画专业教学中的不完全统计，动画专业的本科生在四年学习期间，绝大多数人只参与过一到两部实验性动画短片的创作，且承担的是某一分工，而作为导演且独立制作动画短片的学生不超过三分之一。

图 1-1 《被单骑士》中的幼儿园场景(鲍懋、范祖荣)

因此，动画片制作时间是制约动画教育发展的一个重要客观因素，通过技法锻炼、优化组合等手段来缩短制作时间、提高制作质量与效率是动画教学中需要重点关注的问题。

此外，相较"无纸动画"而言，传统的手绘动画对于设备和耗材，尤其是工作室中的个体工作环境有着比较高的要求。这也是在日常教师教学、学生练习中需要解决的关键问题。

(二)合作模式

相对于时间、物质成本较容易得到重视的情况，合作模式在动画教学中的重要作用，往往不被关注。很多教师把动画公司、美影厂的"流水线"分工合作模式直接作为学生在创作或合作中的理想模式来参照，但笔者在动画专业教学过程中发现，很多动画项目往往都是因这种运作模式的自身缺陷而导致半途而废的。

　　企业界之所以使用"流水线"分工合作模式，显然是因为这样的模式更有效率，但认为在教学与创作实践中采用这样的模式也同样会有效率，就属于生搬硬套了。基础教学中的动画片创作毕竟不同于动画片生产，教学也有其自身的规律，而且毕竟现今中国高校对学生的考评是以个人而非团队为基本单位。

　　首先是合作意愿的问题，"流水线"运作模式下，分工必然有高有低，必然有脏活累活，有"导演""编剧""原画设计"这样较"核心""高级"的分工，也有"中间画""后期特效"这样的工作量大的"低级"分工。笔者曾见过多个学生动画创作项目在立项之初，其项目组成员就因争夺"导演""编剧""人设"等较核心的分工，"中间画""后期合成"等则无人问津而导致项目早早搁浅。在教学过程中，经常出现"一强多弱"合作成功概率大，"强强联合"合作模式以失败居多的情况。因此，在合作中要考虑人的因素。

　　其次，各个分工环节各自为政，不为下一个环节考虑也是经常出现的问题。尤其是负责"剧本创作""角色设计"这几个前期阶段的人员在规划和创意过程中，不考虑后续人员是否具备相应的制作能力、制作周期是否会延长而"各人自扫门前雪"，导致整体效果缺失。因此，一味地推行"流水线"模式容易产生"三个和尚没水吃"的尴尬局面。

　　再次，还有技法兼容性、创作手法的问题。假如项目组中的成员采用的手法、创作方式的差距太大，也是不能合作的。当下的教育对于学生"个性"培养的重要性，已经为社会各界所关注，加上学生的成绩考评体系的基本单位是个人而不是团队，因此，在实际教学中，学生对于独特的技法显然兴趣更大，更乐于追求"与众不同"，却很少考虑与他人的兼容性、合作可能性等实际问题。

　　此外，本科教学对于毕业生的要求是"宽口径、厚基础"，单一地将项目进行"流水线"式的拆解，将学生的专业能力局限在某一分工，也是不符合本科教学规律的。

第二节　"数字二维动画"课程建设重点解析

一、一整套完整的技法探索

　　第一，建立一套成熟的、基础的技法，并由学生根据具体情况逐步完善，这样能极大地节省学生在制作上花费的精力。一套通用的技法不仅能够显著地提高制作效率，降低时间成本，而且能够强化作品的整体特质，从而有助于形成风格上的识别性。

我们必须引导学生掌握通用技法，而不是从一开始就鼓励学生一个人一个面貌——个性必须建立在共性的基础上。学生要发挥个性必须建立在掌握这套通用技法的基础上，因此，这套技法必须有一定的兼容性、识别性，要方便与其他同学的合作，方便以学院为单位形成协调的动画片风格，在这个基础上才能更进一步地发挥创意、提升制作质量。

第二，Animate 动画技法与其他通用平台软件的整合探索。Animate 动画平台的主要缺陷在于位图处理及后期合成。不过随着 Animate 与 Adobe 旗下其他制作平台的结合日益紧密，促进了 Animate 动画风格的多样化发展。

从产业化运作的角度来看，Animate 动画制作价格有一万元一分钟的，也有一百元一分钟的。将"产学研"一体化作为建设目标的动画专业，不可能每部动画用不同的团队。所以，Animate 动画技法至少要兼顾高、中、低三个制作层面。如今，Animate 动画形成了向无纸化制作发展的优势，可以完成原画、动画、场景制作、描线、上色、校对、剪辑，甚至音效编辑、动画片合成等全流程，有效地缩短了制作周期、降低了基础平台的应用门槛，而且随着 Adobe 旗下各个制作软件的不断整合，Animate 在高端动画平台上的制作能力也在不断增强。

二、项目团队合作方式——"合作不分工"的并行模式的探索

从长时间的基础教学实践来看，"流水线"分工合作模式在动画专业本科基础教学中有着诸多的弊端，对多种合作模式的探索与尝试是 Animate 动画课程的一个重点。

从图 1-2 我们不难看出，将"串行"变为"并行"，将"分工合作"变为"合作不分工"，让每个项目组成员都能参与动画片创作的全流程，真正做到了"人人有责"，不仅有助于培养学生的综合素养，为进一步的深入学习明确了定位，而且有助于在毕业创作阶段之前形成一些较固定的制作团队(见图 1-3)。

"角色先行"是并行合作模式的重要基础，区别于教学常用的"剧本先行"。如图 1-3 所示是浙江传媒学院动画学院 Animate 动画课程的结题作业《京魂》，采用的就是并行的"合作不分工"模式创作的——两名学生各自设计这两名角色，并协同完成剧本创作、分镜绘制直至后期合成等一系列制作工作，取得了良好的成绩。从制作技法来看，他们使用 Animate 矢量技术制作角色及动作，并协调运动特效，在 Photoshop 及 Painter 中绘制场景及道具等并分层导入，其中还有一部分道具使用了三维动画技术，最后在 Animate 中完成初步合成，再使用 Premiere、After Effects 进行最终特效制作与合成。

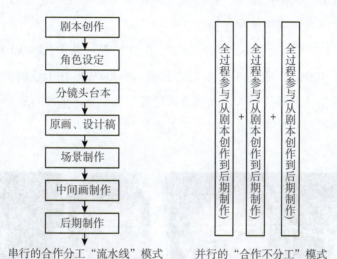

图 1-2　学生团队创作分工模式比较

图 1-3　动画《京魂》剧照(金宽、陈贤)

　　因此,"Animate 动画"课程建设的重点,应该围绕整套技法、合作模式来展开探究。此外,教师还应充分利用媒体平台,积极开展教学研究与探讨,吸收最新的学科成果,注重教学方法,不断提高教学科研水平,切实引导学生学以致用。

第三节　初识 Animate

一、从 Flash 到 Animate

Flash 作为一种交互式矢量动画设计工具,自美国 Macromedia 公司于 1996 年 11

月推出以来，受到广大用户欢迎，并很快风靡全球。Flash 进入中国后，被国内很多动画制作团队与个人创作者所使用并推广。

　　Flash 的前身是 FutureSplash Animator，由乔纳森·盖伊 (Jonathan Gay) 和他的设计团队发行于 1996 年 (见图 1-4)。当时正值 windows95 图形化界面操作系统推出，同时也是互联网高速发展的一年，大部分人已经不满足于单调的互联网平面浏览模式，多媒体网页及动画等交互式浏览受到了更多的关注。

图 1-4　Animate 创始团队——左起为乔纳森·盖伊、加里·罗斯、彼得圣·安杰利、罗伯特·陈

　　幸运的是，FutureSplash Animator (见图 1-5) 刚发行就收到了两大巨头的订单：微软和迪士尼。微软公司在一开始就看好这个以网络为传播媒介的动画软件并使用它设计了一系列的产品。迪士尼公司则使用这个软件设计了 Disney Online 网站，很好地解决了网络带宽和动画特效之间的矛盾。

图 1-5　FutureSplash Animator1.0 版本界面

　　1996 年 11 月，Macromedia 公司收购了 Future Wave 公司，将 FutureSplash

Animator 重新命名为 Macromedia Flash 1.0——Flash 正式登场。

2005 年 4 月 18 日，Adode 公司斥资 34 亿美元收购 Macromedia 及其旗下产品线，其中当然也包括 Flash。全新版本的 Flash 将从 Adobe Illustrator 和 Photoshop 中整合图像编辑能力，从而易于将元件从 Photoshop 和 Illustrator 中导入 Flash 中编辑。能与 Illustrator 共享界面和图形，这对在图形方面很长时间没有改进的 Flash 来说，是一个好消息。

Adobe Animate 发布于 2015 年，它融矢量动画和互动多媒体的特性于一身，突破了传统动画的传播媒介，将动画从电影电视等传统媒介扩展到网络、手机等各种移动平台，并使静态页面的展现形态呈多媒体化。

Animate 动画的创作和发行模式相较传统影视动画生产和发行有较大的改变，如在相当范围内降低了制作成本、提高了制作效率等。传统动画虽然有一整套较成熟的制作体系，但还是有难以克服的缺点，如分工太细、设备要求较高等。

一部完整的传统动画片，无论是 5 分钟的短片还是 2 小时的长片，都要经过编剧、导演、美术设计（人物设计和背景设计）、设计稿、原画、动画、绘景、描线、上色（上色是指描线复印或者电脑扫描上色）、校对、摄影、剪辑、作曲、拟音、对白配音、音乐录音、混合录音、洗印、转磁输出等十几道工序的分工合作、密切配合，才可以顺利完成。但基于 Animate 的动画制作，实现了动画设计的扁平化，可以在绘制完成之后马上看到结果而不需要额外检查并合成之后才可审查成品；动作检查、扫描上色等步骤均可以使用软件来完成。此外，在硬件设备方面，只需个人电脑、扫描仪、手绘板等工具就可以独立制作动画。

图 1-6 《孝女曹娥》

除了便捷的动画制作功能外，Animate 也是一个非常优秀的前期设计工具与合成工具。Animate 的合成功能使得原本复杂的动画后期合成变得简单。例如,某些反复出现的动作镜头,以传统动画方式来制作则需要多次绘制,而 Animate 只需要制作一段循环影片再经剪辑便可反复使用。目前已经有相当多的动画制作公司,使用 Animate 来完成传统手绘动画的后期合成。如图 1-6 所示为浙江传媒学院创作的系列动画《孝女曹娥》,其制作过程中就大量使用了 Animate 的合成功能。

二、Animate(Flash)设置首选参数时的部分常用选项

依次选择"编辑"→"首选参数",在"类别"列表中有常规、ActionScript、自动套用格式、剪贴板、绘画、文本或警告等选项,用户可进行相应的设置。

(一)"常规"首选参数

(1)对于"启动时"选项,可选择其中一个选项以指定在启动 Animate 时会执行的操作。①选择"显示开始页"以显示"开始"页面,②选择"新建文档"可打开一个新的空白文档,③选择"打开上次使用的文档"可打开上次退出 Animate 时最后打开的文档,④选择"不打开任何文档"可直接启动 Animate 而不打开任何文档。

(2)对于"撤销",必须输入 2 到 300 之间的值,从而设置撤销/重做的级别数。撤销需要占用内存;使用的撤销级别数越多,占用的系统内存就越多。默认值为100。接下来可选择"文档层级撤销"或"对象层级撤销"。①"文档层级撤销"维护一个列表,其中包含整个 Animate 文档中的所有动作。②"对象层级撤销"为 Animate 文档中每个对象的动作单独维护一个列表。它提供了更好的灵活性,因为可以指定撤销针对某个对象的动作,而无需另外撤销针对修改时间比目标对象更近的其他对象的动作。

(3)对于"打印选项"(仅限 Windows),如果要在打印到 PostScript 打印机时禁用PostScript 输出,可选择"禁用 PostScript"。在默认情况下,此选项处于取消选择状态。如果打印到 PostScript 打印机时出现问题,可选择此选项,但将减缓打印速度。

(4)对于"测试影片"选项,可选择"在选项卡中打开测试影片",即在执行"测试影片"操作时会在应用程序窗口中打开一个新的文档选项卡,这样就可以在专用播放器中预览影片,所呈现的效果和观众眼中看到的是一模一样的。常用的快捷键是"Ctrl+Enter"。默认情况是在其当前的窗口中打开测试影片。

(5)对于"选择选项",其中的"使用 shift 键连续选择"可以控制 Animate 如何处理

选择多个元素的操作。如果没有选择"使用 shift 键连续选择",单击附加元素即可将它们添加到当前选择中。如果打开了"转换选择",单击附加元素将取消选择其他元素,除非按住 Shift 键。选择"显示工具提示"可以让指针停留在控件上时显示相应工具的功能提示。如果不想看到工具提示,取消选择此选项即可。

(6)选择"接触感应"后,当使用"选择"工具或"套索"工具进行拖动时,如果矩形框中包括了对象的任何部分,则该对象将被选中。默认情况是仅当工具的矩形框完全包围对象时,该对象才会被选中。

(7)对于时间轴选项,可选择"基于整体范围的选择",以便在时间轴中使用基于整体范围的选择,而不是使用默认的基于帧的选择。选择"场景上的命名锚记"可以让 Animate 将文档中每个场景的第一个帧作为命名锚记。命名锚记时可以使用界面中的"前进"和"后退"按钮从 Animate 应用程序中的一个场景跳到另一个场景。

(8)对于"加亮颜色",可以从面板中选择一种颜色,或选择"使用图层颜色"以使用当前图层的轮廓颜色。

(9)对于"项目",选择"随项目一起关闭文件"可以使项目中的所有文件在关闭项目时一起关闭。选择"在测试项目或发布项目上保存文件",可以使得只要测试或发布项目,便自动保存项目中的每个文件。

(二)"剪贴板"首选参数

(1)对于"位图"(仅限 Windows),选择"颜色深度"和"分辨率"选项可以指定复制到剪贴板的位图的相关参数。选择"平滑"可以应用消除锯齿功能。在"大小限制"文本框中输入数值可以指定将位图图像放在剪贴板上时所使用的内存量。在处理大型或高分辨率的位图图像时,应增加此值。如果计算机的内存有限,应选择"无"。

(2)对于"渐变质量"(仅限 Windows),可以指定在 Windows 元文件中放置的渐变填充的质量,但选择较高的品质将增加复制插图所需的时间。使用此设置可以指定将项目粘贴到 Animate 以外的其他软件时的渐变色品质;如果粘贴到 Animate,则无论"剪贴板上的渐变色"如何设置,所复制数据的渐变质量将完全保留。

(3)对于"PICT 设置"(仅限 Macintosh),就"类型"而言,选择"对象"可以将复制到剪贴板的数据保留为矢量插图,或者选择其中一种位图格式后可以将复制的插图转换为位图。输入一个分辨率值,并选择"包含 PostScript",可以使文件包含 PostScript 数据。对于"渐变",可以指定 PICT 中的渐变色品质,但选择较高的品质将增加复制插图所需的时间。使用"渐变"设置可以指定将项目粘贴到 Animate 以外的其他软件时的渐变色品质。如果粘贴到 Animate，则无论"渐变"设置如何，所复制数据的渐变质量将完全保留。

(4)对于"FreeHand 文本"，选择"保持文本为块"可以确保粘贴的 FreeHand 文件中的文本是可编辑的。

(三)开始页

(1)通过"开始"页，可以轻松地访问常用操作。开始页中包含以下四个命令：

一是"打开最近项目"，用于打开最近的文档。也可以通过单击"打开"图标以显示"打开文件"对话框。

二是"创建新项目"，它列出了 Animate 支持的文件类型，如 Animate 文档和 ActionScript 文件。通过单击列表中所需的文件类型，可以快速创建新文档。

三是"从模板创建"，它列出了创建新的 Animate 文档时最常用的模板，单击列表中所需的模板即可创建新文档。

四是"扩展"，它链接到 Macromedia Animate Exchange Web 站点，可以在其中下载 Animate 的助手应用程序、查看 Animate 扩展功能以及相关信息。

(2)"开始"页还提供对"帮助"资源的快速访问。用户可以浏览 Animate、学习与 Animate 相关的资源以及查找 Macromedia 授权的培训机构。

(3)隐藏"开始"页：选择"开始"→"不再显示此对话框"。

(4)再次显示开始页，依次选择"编辑"→"首选参数"→"常规"→"启动时"→"显示开始页"即可。

(四)Animate 工作区设置

Animate 提供了许多种自定义工作区面板的方式，便于用户以自己惯常的方式来处理对象、颜色、文本、实例、帧、场景和整个文档，查看、组织和更改文档中的元素及其属性。例如，可以使用"混色器"面板创建颜色，并使用"对齐"面板将对象彼此对齐或与舞台对齐。面板中的可用选项控制着元件、实例、颜色、类型、帧和其他元素的特征。默认情况下，工作区面板以组合的形式显示在 Animate 工作区的底部和右侧。

要查看 Animate 中可用面板的完整列表，可查看"窗口"菜单。大多数面板中包含一个带有附加选项的弹出菜单。此弹出菜单由面板标题栏右侧的控件指示。如果没有显示弹出菜单控件，该面板就没有弹出菜单。用户可以显示、隐藏面板和调整面板的大小，可以将面板组织到组中并重新排列各面板在面板组内的顺序，也可以创建新的面板组，以及将面板放入现有的面板组，还可以将面板组合在一起并保存自定义面板设置，以使工作区符合用户的个人偏好。如果希望某个面板脱离其他面板组而单独显示，只需设置该面板浮动显示即可。

(五) 自定义面板

(1) 打开或关闭面板。①从"窗口"菜单选择所需的面板即可打开。②关闭面板时，可以右击面板标题栏，然后从上下文菜单中选择"关闭面板组"命令。③点击"窗口"→"隐藏面板"可隐藏所有面板。

(2) 使用面板的弹出菜单。单击面板标题栏中最右边的控件以查看弹出菜单，单击该菜单中的某个项目即可执行相关命令。

(3) 调整面板的大小。拖动面板的边框可调整面板的大小。

(4) 将面板折叠为其标题栏。单击面板标题栏上的折叠箭头即可执行折叠操作，再次单击折叠箭头会将面板展开到它之前的大小。

(5) 移动面板。用抓手拖动面板，可将它放到另一个面板旁边，目标面板旁边将显示一条黑线，以表示面板将放置的位置。

(6) 在一个面板窗口中显示多个面板。单击面板的弹出菜单，然后选择"将面板名称组合至"选项，再从子菜单中选择另一个要将当前面板添加进去的面板组。

(7) 浮动面板。拖动面板的抓手，可将它与其他面板分开。

(8) 创建新的面板组。拖动面板的抓手，使之离开当前面板组，再向此面板添加其他面板以构成一个新组。

(9) 保存自定义面板设置。依次选择"窗口"→"工作区布局"→"保存当前"，再输入布局名称，然后单击"确定"。

(10) 选择面板布局。依次选择"窗口"→"工作区布局"→"默认布局"，可将面板重置为默认布局，或选择以前保存的自定义布局。

(11) 删除自定义布局。依次选择"窗口"→"工作区布局"→"管理"，然后在"管理工作区布局"对话框中选择要删除的面板设置，再单击"删除"并确认即可。

(六) 属性面板

依次选择"窗口"→"属性"或按 Ctrl+F3 组合键，可显示"属性"面板，如图 1-7 所示。"属性"面板("属性"检查器) 可以显示当前文档中文本、元件、形状、位图、视频、组、帧或工具的信息和设置。用户使用"属性"面板可以很容易地设置舞台或时间轴上当前选定对象的最常用属性，从而简化了文档的创建过程；还可以在"属性"面板中直接更改对象或文档的属性，而不用访问控制这些属性的菜单或面板。

当选定了两个或多个不同类型的对象时，"属性"面板会显示选定对象的总数。

图 1-7　属性面板

(七) 动作面板

使用"动作"面板可以创建和编辑对象或帧的 ActionScript 代码。选择帧、按钮或影片剪辑实例后，可以激活"动作"面板。取决于所选的内容，此时"动作"面板标题也会变为"按钮动作""影片剪辑动作"或"帧动作"。要显示"动作"面板，可选择"窗口"→"动作"或按 F9 键，如图1-8所示。

(八) 库面板

"库"面板是存储和组织在 Animate 中创建的各种元件的地方，它可用于存储和组织导入的文件，包括位图图形、声音文件和视频剪辑等。用户在"库"面板中还可以组织文件夹中的库项目、查看某个项目在文档中使用的频率，并按类型对项目进行排序，如图 1-9 所示。

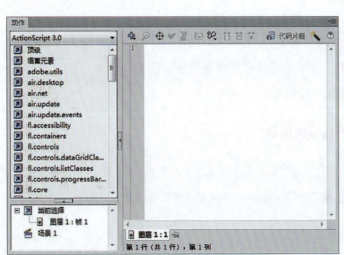

图 1-8 动作面板 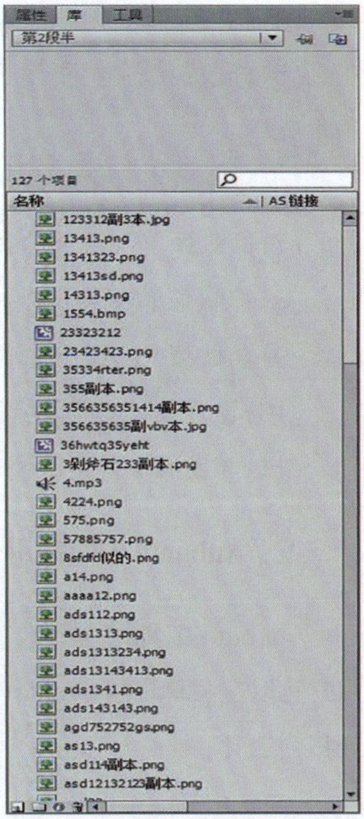　　　　　　　　　　　　　图 1-9 库面板

(九) Animate 菜单栏

菜单栏包括文件、编辑、视图、插入、修改、文本、命令、控制、调试、窗口和帮助等，如图 1-10 所示。

文件(F)　编辑(E)　视图(V)　插入(I)　修改(M)　文本(T)　命令(C)　控制(O)　调试(D)　窗口(W)　帮助(H)

图 1-10 菜单栏

(1) 文件菜单：用于文件相关操作，如创建、打开和保存文件等。

(2) 编辑菜单：用于动画内容的编辑操作，如复制、剪切和粘贴等。

(3) 视图菜单：用于对开发环境进行外观和版式设置，包括放大、缩小、显示网格及辅助线等。

（4）插入菜单：用于插入对象的操作，如新建元件、插入场景和图层等。

（5）修改菜单：主要用于修改动画中各种对象的属性，如帧、图层、场景以及动画本身等。

（6）文本菜单：用于对文本的属性进行设置。

（7）命令菜单：用于对命令进行管理。

（8）控制菜单：用于对动画进行播放、控制和测试。

（9）调试菜单：用于对动画进行调试。

（10）窗口菜单：用于打开、关闭、组织和切换各种窗口面板。

（11）帮助菜单：用于快速获得帮助信息。

三、Animate 中的常用工具与快捷键

Animate 工具栏由标准工具栏、绘图工具栏、状态工具栏、控制器工具栏组成，用户可以在菜单栏的 Window（窗口）/Toolbars（工具栏）选项中添加、删除、组合或重新排列工具。

（一）常用工具

在默认情况下，工具栏是单列的，如图 1-11 所示。用户可以将鼠标悬停在工具栏的左侧边界处，当鼠标光标转换为"双向箭头"时，将其向左拖曳。此时，工具栏将逐渐变宽，相应地，其中的工具也会重新排列。

图 1-11　标准工具栏

（1）选择工具 （快捷键【V】）：用于选择对象。对任何对象进行处理时，首先得选中它，然后才能进行操作。要选中多个对象，只需用选择工具在这些对象的外部点一下（进行定位），然后拖动鼠标拉出一个能包含所有对象的方框，再松开鼠标，此时，所有对象都被选中了。

（2）部分选择工具（节点选择工具） （快捷键【A】）：此工具能显示选定对象的所

有节点，还可以通过拖动来改变每个节点的位置，以改变对象的外观。节点选择工具主要是用来精确控制对象的外形。使用此工具时，所有对象全部转化成路径，每条路径包含起点与终点两个路径点(也称为路径的"节点")，调整这两个节点的位置就可以调整整个路径的外观。部分选择工具常常与下面提到的钢笔工具协同使用，通过使用钢笔工具的增加节点、清除节点功能，可以勾勒出复杂的工作路径。

(3)直线工具(快捷键【N】)⟋：用于绘制直线。

(4)套索工具(快捷键【L】)⟋：主要用来选择具有复杂轮廓的对象，使用方法是先用此工具定下起始点，然后沿大致轮廓画线，最后与起始点重合形成封闭路径，从而选中此范围内的对象。

(5)钢笔工具(快捷键【P】)⟋：可使用此工具通过增加或减少节点来精确控制路径的外形。

(6)文本工具(快捷键【T】)Ａ：此工具可用于给对象添加文字信息。

(7)椭圆工具(快捷键【O】)◯：用于绘制圆、椭圆等图形。按住 Shift 键可以画出正圆形。

(8)矩形工具(快捷键【R】)▢：用于绘制方形、正方形。结合 Options(选项)，可以画出倒角方形图案，如图 1-12、图 1-13 所示。

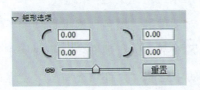

图 1-12　矩形工具选项

图 1-13　倒角方形图案

(9)铅笔工具(快捷键【P】)✎：可用于自由绘制。

(10)笔刷工具(快捷键【B】)✔：既然是"刷子"，它肯定具有涂刷的功能，且功能非常特别：①标准涂刷模式：在选定区域用新的颜色进行覆盖；②填充涂刷模式：可以分为填充区域与轮廓区域，填充涂刷只对填充区域起作用，而保留原图像的轮廓，如图 1-14 所示；③后面涂刷模式：用此工具涂刷出的图像将处在已有对象的后面，如图 1-15 所示；④在所选区域涂刷模式：涂刷只针对所选区域，所选区域外的部分不能进行涂刷；⑤内部填充模式：根据起点位置的不同而形成不同的填充模式。如果起点在某个对象外（即内部是空白区域），那么对于该对象来说，它不是内部，所以该对象会遮挡经过它的涂刷部分，如图 1-16。反之，如果起点在某个对象内（即内部是该对象内部），那么涂刷只会作用于该对象内部，如图 1-17 所示。

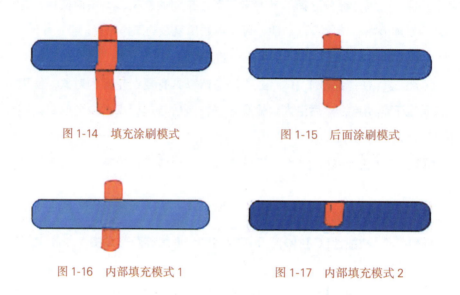

图 1-14　填充涂刷模式　　　　　　　　图 1-15　后面涂刷模式

图 1-16　内部填充模式 1　　　　　　　图 1-17　内部填充模式 2

涂刷样式 与笔刷大小 用于设置笔刷的尺寸与样式。

（11）墨水瓶工具（快捷键【S】）：用来给对象的边框上色。

（12）颜料桶工具（快捷键【K】）：对图像进行填色，根据选项的不同可以采取多种填充方式：①不封闭空隙：不封闭的区域不能进行填充；②不封闭小空隙：间隙较小的不封闭区域也可进行填充；③不封闭中空隙：允许填充有较大空隙的区域；④不封闭大空隙：允许填充有更大空隙的区域。

（13）滴管工具（快捷键【I】）：用来进行颜色取样，使用方法非常简单，只需用滴管点一下要获取颜色的区域，也可以选取位图图片上的色彩。

（14）橡皮工具（快捷键【E】）：用来擦除一些不需要的线条或区域。要灵活使用此工具，就得掌握其各个模式的具体功能：①一般擦除：凡此工具经过的地方都会被擦除；当然，不是当前层的内容不能被擦除，如图 1-18 所示；②填色擦除：只擦除填色区域内的信息而非填色区域，如边框不能擦除，如图 1-19 所示。③线段擦除：专门用来擦除对象的边框与轮廓，如图 1-20 所示。④擦除指定填色：清除选定区域内的填色，如图 1-21 所示。⑤擦除内部：擦除情况与起始点相关，如果起始点在某个物体外，如空白区域，那么这个"内部"则是空白区域内部，这时不能擦除物体的相关信息；如果起始点在物体内，那么这个"内部"则是物体内部，这时可以擦除该物体的相关信息，但不能作用于外部区域，如图 1-22 所示。

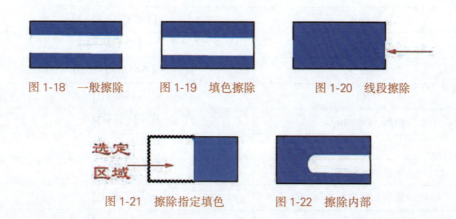

图 1-18　一般擦除　　　　图 1-19　填色擦除　　　　图 1-20　线段擦除

图 1-21　擦除指定填色　　　　图 1-22　擦除内部

(15) 任意变形工具 (快捷键【Q】) ：对绘制的文本或者图形实施改变大小、倾斜和扭曲等变形操作。

(16) 渐变变形工具 (快捷键【F】) ：单击绘制好的放射状渐变图形，会出现带有编辑手柄的环形边框：①焦点手柄：可改变放射状渐变的焦点；②中心手柄：可改变渐变的中心点及填充高光区的位置；③大小手柄：可调整渐变的大小；④旋转手柄：可调整渐变的方向和角度；⑤宽度手柄：可调整渐变的宽度。

（二）常用功能快捷键

表 1-1　　　　　　　　　　　　　　常用功能快捷键

功　　能	快　捷　键
新建 Animate 文件	【Ctrl+N】
打开 FLA 文件	【Ctrl+O】
作为库打开	【Ctrl+Shift+O】
关闭	【Ctrl+W】
保存	【Ctrl+S】
另存为	【Ctrl+Shift+S】

续表

功 能	快 捷 键
导入	【Ctrl+R】
导出影片	【Ctrl+Shift+Alt+S】
发布设置	【Ctrl+Shift+F12】
发布预览	【Ctrl+F12】
发布	【Alt+Shift+F12】
打印	【Ctrl+P】
退出 Animate	【Ctrl+Q】
撤销命令	【Ctrl+Z】
剪切到剪贴板	【Ctrl+X】
复制到剪贴板	【Ctrl+C】
粘贴剪贴板内容	【Ctrl+V】
粘贴到当前位置	【Ctrl+Shift+V】
清除	【退格】
复制所选内容	【Ctrl+D】
全部选取	【Ctrl+A】
取消全选	【Ctrl+Shift+A】
剪切帧	【Ctrl+Alt+X】
复制帧	【Ctrl+Alt+C】
粘贴帧	【Ctrl+Alt+V】
清除帧	【Alt+Backspace】
选择所有帧	【Ctrl+Alt+A】
显示\隐藏时间轴	【Ctrl+Alt+T】
显示\隐藏工作区以外部分	【Ctrl+Shift+W】
显示\隐藏标尺	【Ctrl+Shift+Alt+R】
显示\隐藏网格	【Ctrl+'】
对齐网格	【Ctrl+Shift+'】
编辑网络	【Ctrl+Alt+G】
显示\隐藏辅助线	【Ctrl+;】

续表

功　　能	快　捷　键
锁定辅助线	【Ctrl+Alt+;】
对齐辅助线	【Ctrl+Shift+;】
编辑辅助线	【Ctrl+Shift+Alt+G】
显示形状提示	【Ctrl+Alt+H】
显示\隐藏边缘	【Ctrl+H】
显示\隐藏面板	【F4】
转换为元件	【F8】
新建元件	【Ctrl+F8】
新建空白帧	【F5】
新建关键帧	【F6】
转换为关键帧	【F6】
转换为空白关键帧	【F7】
组合	【Ctrl+G】
打散分离对象	【Ctrl+B】
播放\停止动画	【Enter】
测试影片	【Ctrl+Enter】

四、Animate 的图层与场景

在大部分图像处理软件中，都引入了图层(Layer)的概念。灵活地使用图层，不但能轻松制作出种种特殊效果，还可以极大地提高工作效率。

那么，什么才是图层呢？一个图层，犹如一张透明的赛璐璐片，上面可以绘制任何图形图像或书写任何文字，所有的图层叠合在一起，就组成了一幅完整的画。

图层有两大特点：一是除了画有图形或文字的地方，其他部分是透明的，也就是说，下层的内容可以通过上层透明的部分显示出来；二是图层是相对独立的，修改其中一层，不会影响到其他层。

加深对图层的理解是很重要的——不仅适用于 Animate，对其他图形处理软件，如 Photoshop、PaintShop、Fireworks 等，其应用原理都是相通的。

(一) 图层的状态

在 Animate 中，图层有四种状态，如图 1-23 所示。

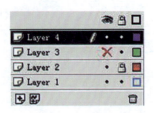

图 1-23　图层的状态

(1)　：表明此图层处于活动状态，用户可以对该层进行各种操作；

(2)　：表明此图层处于隐藏状态，即在编辑时是看不见的，并且处于隐藏状态的图层是不能进行任何修改的。当我们要对某个图层进行修改但又不想被其他图层的内容干扰时，可以先将其他图层隐藏起来。

(3)　：表明此图层处于锁定状态，用户对被锁定的图层无法进行任何操作。在 Animate 中制作动画时，大家应该养成一个好习惯——只要完成一个图层的制作，就立刻把它锁定，以免因误操作而带来麻烦。

(4)　：表明此图层处于边缘线模式。处于边缘线模式的图层，其上的所有对象只能显示轮廓。此时，其他图层都是实心的方块，只有此图层是边缘线模式。当我们对多个图层进行编辑，特别是要对几个图层的对象进行比较准确的定位时，边缘线模式有助于用户可以仅仅凭轮廓的分布来准确地判断它们的相对位置。

(二) 图层的基本操作

1. 新建一个图层

每次打开一个新文件时就会有一个默认的图层：Layer 1(图层一)，如图 1-24 所示。

要新建一个图层，只需用鼠标点击图层窗口左下角的　，或者调用 "Insert(插入)"→"Layer(图层)" 命令，这时，在原来的图层上会出现一个新图层 Layer 2(图层二)，如图1-25所示。

2. 给图层重命名

用鼠标双击某个图层就可以进行重命名，如图 1-26 所示。

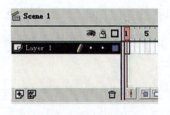
图 1-24　新建图层 1

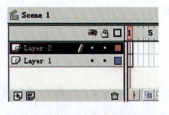
图 1-25　新建图层 2

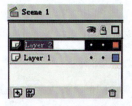
图 1-26　重命名图层

3. 选择某个图层或多个图层

用鼠标点击某个图层就选定了该图层，然后在工作区域内选中一个对象，再按住 Shift 键并选择其他图层的对象就可以选择多个图层。

4. 拷贝某个图层

先选中要复制的图层，再调用 Edit (编辑) →Copy Frames (拷贝所有帧) 命令，接着创建一个新图层，并调用 Edit (编辑) →Paste (粘贴) 命令即可。

5. 改变图层的顺序

上层图层的内容会遮盖下层图层的内容，下层的内容只能通过上层透明的部分显示出来，因此，用户常常会重新调整图层的排列顺序。此时，用鼠标点击某个图层并按住鼠标不放，然后向上或向下拖到合适的位置即可。

（三）图层的属性

选中某个图层并点击鼠标右键，在弹出的上下文菜单中选择"属性"。在属性面板中，有图层名称、是否锁定、类型、外框颜色、是否为外框模式等选项。在类型（Type）中，除了普通图，还有 Gui 导引图层与遮罩图层两种。

（四）舞台

舞台是在创建 Animate 文档时放置图形内容的矩形区域，是观众可以看到的镜头内的范围。动画中所有的人物与情节，都展示在这个舞台上。用户可以对舞台的大小及其音响、灯光、色彩等属性进行设置；和多幕剧一样，舞台上的场景也可以随情节而变化，多个场景常集合在一起，并按它们在面板上排列的先后顺序进行播放。

（五）缩放舞台视图

要在屏幕上查看整个舞台，或查看特定的区域，可以更改缩放比率级别。缩放比率取决于显示器的分辨率和文档大小。舞台的最小缩小比率为 8%，最大放大比率为 2000%。

（1）要放大某个元素，可选择"工具"面板中的"缩放"工具，然后单击该元素。要在放大或缩小之间切换，可使用"放大"或"缩小"工具（当"缩放"工具处于选中状态时位于"工具"面板的选项区域中），或者按住 Alt 键单击该元素以在"放大"或"缩小"工具之间进行切换。

（2）要放大特定的区域，可使用缩放工具在舞台上拖出一个矩形选取框。用户在Animate 中可以设置缩放比率，从而使用指定的矩形填充窗口。

（3）放大或缩小整个舞台，应选择"视图"下拉菜单中的"放大"或"缩小"命令。

（4）放大或缩小特定的百分比，应选择"视图"→"缩放比率"，然后从子菜单中选择百分比数值，或者从时间轴右上角的"缩放"控件中选择百分比数值。如需缩放舞台以完全适合应用程序窗口，可选择"视图"→"缩放比率"→"符合窗口大小"。

（5）显示当前帧的内容，可选择"视图"→"缩放比率"→"显示全部"，或从应用程序窗口右上角的"缩放"控件中选择"显示全部"。如果场景为空，则会显示整个舞台。

（6）显示整个舞台，可选择"视图"→"缩放比率"→"显示帧"，或从时间轴右上角的"缩放"控件中选择"显示帧"。

（7）显示围绕舞台的工作区，可选择"视图"→"工作区"。工作区以淡灰色显示。使用"工作区"命令可以查看场景中部分或全部超出舞台区域的元素。例如，要制作飞船飞入场景中的动画，可以先将飞船放置在工作区中舞台之外的位置，然后以某种动画形式使飞船进入舞台区域。

（六）移动舞台视图

放大舞台后，用户可能无法看到整个舞台，此时可在"工具"面板中选择手形工具来拖动舞台使之移动。要在其他工具和手形工具之间临时切换，应按住空格键，并在"工具"面板中单击选定工具。

（1）改变舞台属性，如图 1-27 所示。其中，①帧频：每秒播放的帧数，Animate CS4 之前的版本默认为每秒播放 12 帧（一拍二），之后的版本默认为每秒播放 24 帧（一拍一）。②尺寸：场景的大小设置，由宽度与高度决定。③匹配：由作品的用途决定，如果作品主要用于打印，可选择"打印机"（Printer）；如果用于电脑显示，则不需要进行修改。④背景颜色：设置背景的颜色，目前只能为单色。

图 1-27　属性设置

（2）添加一个新场景。有两种方法：一是通过场景面板中的添加按钮来完成；二是调用菜单上的"插入"→"场景"命令进行添加。

（3）清除某个场景。也有两种方法：一是通过"场景面板"中的"清除"按钮来清除；二是调用菜单上的"Insert（插入）"→"Remove Scene（清除场景）"命令来清除。

（4）为场景改名。在窗口下拉菜单中的其他面板命令中选择"场景"，然后在弹出的"场景"面板中双击该场景并进行重命名即可，如图 1-28 所示。

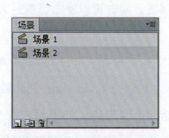

图 1-28　为场景改名

五、Animate 的文件支持

(一) 导出动画

Animate 允许用户将自己设计和制作的动画导出为多种格式的文件，包括 SWF 动画 (Animate 动画的标准格式)、包含动画的网页、GIF 图像、JPGE 图像、PNG 图像、Windows 可执行程序和 Macintosh 可执行程序等，并且几乎可以在所有计算机平台中播放。

(二) 创建 Animate 文件

在了解了 Animate 的工作区界面和基本功能后，在此将介绍 Animate 文件的类型，以及如何创建 Animate 文件、设置 Animate 文件的基本属性。

1. Animate 文件类型

Animate 不仅是一种动画设计与制作软件，还是一个灵活而强大的应用程序开发平台。Animate 支持用户创建以下几种文件。

(1) Animate 源文件。Animate 允许用户创建扩展名为 FLA 的、基于 ActionScript 2.0 或 3.0 版本的 Animate 源文件。虽然这两种源文件的文件扩展名完全相同，但在编辑这两种源文件时，所使用的脚本语言不同，发布这两种源文件时所使用的发布设置也不同。

(2) 基于 AIR 的 Animate 源文件。除了创建基于 ActionScript 2.0 或 3.0 版本的 FLA 文件外，Animate CS4 在安装时会默认安装 AIR1.1 版本。因此，用户也可以使用 Animate CS4 创建基于 AIR1.1 版本的 FLA 源文件。

基于 AIR 技术的 FLA 源文件与 FLA 源文件的区别是：用户可以使用仅限于 AIR 技术支持的一些 ActionScript 类和属性，同时可以发布扩展名为 AIR 或 AIRI 的跨平台的 RIA 程序。

AIR 技术目前较新的版本为 1.5.2。用户可以到 Adobe 官方网站上下载基于 Animate 的 AIR 套件最新版本，然后使用 Animate 创建最新的 AIR 应用程序。

(3) 基于移动设备的 Animate 源文件。如果用户在安装 Animate 时选择了安装 Device Central 软件 (一种虚拟机，可以模拟手机等移动设备上的 Animate 播放器)，则可以使用 Animate 创建基于移动设备的 Animate 源文件，并且也可以将源文件发布，然后用 Device Central 调试。

（4）幻灯片或表单应用程序。用户在 Animate 中可以创建基于 ActionScript 2.0 版本的幻灯片动画或者 Animate 表单应用程序。这两种文件的扩展名也是 FLA。

（5）ActionScript 文件。Animate 允许用户在影片源文件外部创建 ActionScript 文件，将代码打包后存放到这类文件中。ActionScript 文件的扩展名是 AS。

将动作脚本代码写入 ActionScript 文件的好处是可以方便地为多个 Animate 文件使用同一段脚本，从而提高了脚本代码的共用性。

ActionScript 文件不区分脚本语言的版本，既可支持 ActionScript 2.0，也可以支持 ActionScript 3.0。

（6）ActionScript 通信文件。在为 Animate Media Server（Animate 流媒体）进行开发时，需要将服务器端的脚本写入扩展名为 ASC 的 ActionScript 通信文件。ASC 文件与 AS 文件类似，也可以重复调用。

（7）Animate JavaScript 文件。Animate 既允许用户使用 ActionScript 开发复杂的 Animate 应用程序，又允许用户使用 JavaScript 开发一些简单的小程序，并将代码写入 JSFL 文件。使用 JavaScript 编写的 JSFL 文件同样也可以在多个 Animate 应用程序中重复使用。

（8）Animate 项目。Animate 从 CS3 版本开始，允许用户为某一个开发项目建立 Animate 文件，并将项目所需的各种文件路径集合到项目文件中，以便集中修改。Animate 项目文件的扩展名为 FLP。

2. 创建 Animate 源文件

在 Animate CC 及更高的版本中，用户可以方便地创建基于 ActionScript 3.0 的 Animate 源文件，并设置源文件的各种属性。

在 Animate 中，执行"文件"→"新建"命令，打开"新建文档"对话框，在其中的"平台类型"列表框内选择"Animate 文件（ActionScript 3.0）"选项，再单击"确定"按钮，即可创建 Animate 源文件，如图 1-29 所示。

(三) 导入素材

Animate 作为 Adobe 公司开发的创意套件的重要组件之一，可以与套件中的其他平台完美地结合。用户使用 Animate 时，可以方便地导入用各种 Adobe 创意套件创建的素材。

图 1-29 新建文档

1. Animate 支持的普通位图

虽然 Animate 是一种矢量动画制作软件，但其可以方便地导入位图图像，并将位图图像应用于动画和应用程序。

（1）BMP/DIB 图像。BMP（Bitmap，位图）和 DIB（Device Independent Bitmap，设备无关联位图）是 Windows 操作系统中普遍应用的无压缩位图图像。

由于 BMP/DIB 格式图像属于无压缩位图图像，表现相同的内容时，它要比大多数图像的体积大得多。为了避免过大体积的图像影响动画播放效果，Animate 会自动对 BMP/DIB 格式图像进行压缩。

（2）GIF 图像。GIF（Graphics Interchange Format，图形交换格式）是一种支持256 色、多帧动画以及 Alpha 通道（透明）的压缩图像格式。

在表现图像方面，GIF 格式占用的磁盘空间最小，但效果也几乎是最差的。Animate 可以方便地导入 GIF 格式图像，如果导入的 GIF 图像包含动画，则用户在 Animate 中还可以编辑动画中的各帧。

（3）JPEG/JPE/JPG 图像。JPEG（Joint Photographic Experts Group，联合图像

专家组）格式是目前互联网中应用最广泛的位图有损压缩图像格式，其扩展名主要包括 JPEG、JPE 和 JPG。JPEG 格式的图像支持按照图像的保真品质进行压缩，共分 11 个等级。通常可保证较好的清晰度和较优化的磁盘占用空间之间平衡的级别为第 8 级 (即在 Animate 中设置品质为 80)。

(4) PNG 图像。PNG (Portable Network Grapgics，便携式网络图形) 是一种无损压缩的位图格式，也是目前 Adobe 推荐使用的一种位图图像格式。其支持最低 8 位到最高 48 位色彩、16 位灰度图像和 Alpha 通道 (透明通道)，压缩比往往比 GIF 还高。基于这些原因，PNG 图像的应用越来越广泛。

2. 导入普通位图

在 Animate 中，用户可以方便地导入各种常见位图。先在 Animate 中创建影片源文件，再执行"文件"→"导入"→"导入到库"命令或"导入到舞台"命令，在弹出的对话框中将普通位图或其他素材导入 Animate 影片即可。

3. 导入 PSD 文档

PSD 文档是 Adobe Photoshop (Adobe 开发的图像处理软件) 所创建的位图文档，它支持内嵌矢量的智能对象，还支持图层和各种滤镜。虽然 PSD 文档中可以内嵌矢量的智能对象，但其本身仍然是一种位图文档，其中大部分的图像均是以点阵的形式存在的。Photoshop 本身也是一种位图处理软件。Animate 允许用户直接导入制作完成的 PSD 文档，作为 Animate 应用程序的皮肤或 Animate 影片的元件。

先在 Animate 中创建新的 Animate 源文件，再执行"文件"→"导入"→"导入到库"命令，在弹出的"导入"对话框中选择相应的文件并单击"打开"按钮。

在弹出的"将 PSD 文件导入到库"对话框中，用户可以浏览 PSD 文件中的所有图层、图层编组等内容。除此之外，用户还可以将 PSD 文件中的各种图层或图层编组合并，以及将其转换为元件。按住 Shift 键后，用户可以连续选择列表中的多个图层或图层编组，如图 1-30 所示。

"将 PSD 文件导入到库"对话框中的各种设置项目如下：

(1) 将此图像图层导入为：设置选项中的图层形式。启用"具有可编辑样式的位图图像"单选按钮，可将图层的 Photoshop 样式转换为 Animate 样式。而启用"拼合的位图图像"单选按钮，则会把图层与图层样式合并为位图。

(2) 为此图层创建影片剪辑 (movieclip，简称 MC)：启用该复选框后，可以将图层转换为影片剪辑元件，并设置影片剪辑元件的名称和注册点坐标。

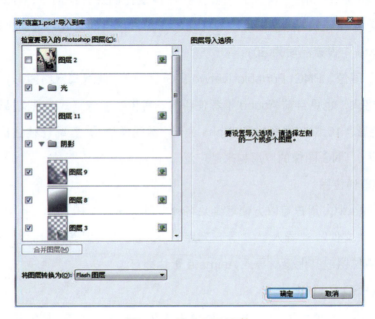

图 1-30 导入 PSD 文件

（3）发布设置：在该选项下拉列表中，用户可以设置导入的图层图像格式，包括无损（PNG 格式）和有损（JPEG 格式）两种。在"有损"格式中，还可以设置导入 JPEG 格式的发布"品质"选项。

Animate 中的 JPEG 品质就是 JPEG 图像的保真品质，其中最佳的是 100，最差是 0。通常 80 是一个折中的数值，既可以保留尚可的图像清晰度，又可以获得比较合适的文件尺寸。

（4）合并图层：当选中多个图层或图层编组后，可以单击"合并图层"按钮，将这些图层或图层编组转换为同一个位图。

（5）将图层转换为：在该选项的下拉列表中，可以设置将选中的图层转换为 Animate 图层或关键帧。

（6）将图层置于原始位置：启用该复选框，会将各图层中的图像按照在 PSD 文档中的位置放置在舞台中。如不选择该复选框，Animate 将会所有的图层、图像随机放置。

（7）将舞台大小设置为与 Photoshop 画布大小相同：启用该复选框后，Animate

将会读取 PSD 文档的尺寸，然后将该尺寸应用于影片源文件，使 Animate 影片源文件的尺寸与 PSD 文档的尺寸一致。

4. 导入 AI 素材文档

AI 是 Adobe Illustrator 的简称，是由 Illustrator 绘制的矢量图形文档的格式。Animate 是一种矢量动画制作软件，除了导入位图素材，Animate 还可以方便地导入 AI 矢量图形素材。

在 Animate 中新建文档，再执行"文件"→"导入"→"导入到库"命令，即可选择 AI 格式的矢量素材并将其导入 Animate 文档。

"将 AI 素材导入到库"对话框中的内容与"将 PSD 文件导入到库"对话框类似，其主要区别是，AI 素材是矢量的，所以不需要设置位图的发布品质，如图 1-31 所示。

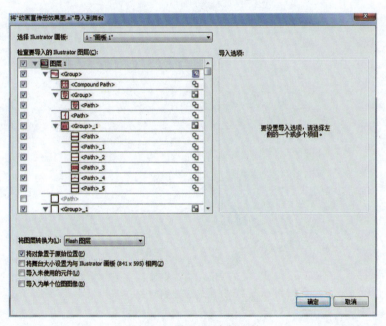

图 1-31 导入 AI 素材文档

此外，AI 文档与 PSD 文档还是有些区别的。例如，在 PSD 文档中，图层是处理各种图像的基本单位；在 AI 文档中，绘制对象才是处理各种图形的基本单位。一个 PSD 文档通常包含许多图层；而一个 AI 文档则通常只有很少的图层，但在其图层中则包含各种线条、填充等对象。

一、讨论与思考

1. 请谈一谈你对 Animate 在影视动画创作领域的前景分析。

2. 请谈一谈 Animate 动画表现风格。

二、作业与练习

熟悉 Animate 中的面板布局，能够初步掌握 Animate 的基本设置。

第二章　Animate 数字绘图技法实战

第一节　矢量工具使用技法

计算机图形一般分为两大类：位图和矢量图，这两种图形都被广泛应用于出版、印刷、互联网等各个领域，它们各有优缺点，两者几乎是无法相互替代的，所以，长久以来，矢量图与位图在应用中几乎是平分秋色的。

矢量图放大后的效果

位图放大后的效果

图 2-1　矢量图与位图的区别

从图2-1中，我们很容易可以看出位图和矢量图的区别。位图（bitmap），也叫做点阵图、栅格图像、像素图。构成位图的最小单位是像素，位图就是由像素阵列的排列来实现其显示效果的，每个像素有其颜色信息，在对位图图像进行编辑操作的时候，操作的对象是每个像素，我们可以改变图像的色相、饱和度、明度，从而改变图像的显示效果，但缩放时会失真。

图2-2　《被单骑士》场景设计（鲍懋、范祖荣）

矢量图（vector），也叫做向量图（见图2-2），是缩放也不会失真的图像格式。矢量图是通过多个对象的组合生成的，对其中的每一个对象的记录方式，都是以数学函数来实现的，也就是说，矢量图实际上并不是像位图那样记录画面上每一点的信息，而是记录了元素形状及颜色的算法。当你打开一幅矢量图时，软件会对图形对应的函数进行运算。举例来说，矢量图就好比画在质量非常好的橡胶膜上的图像，不管怎么拉伸橡胶膜，图像的画面依然清晰；不管你离得多近，也不会看到图像的最小单位。

位图的优点是色彩变化丰富，编辑时可以改变任何形状或区域的色彩显示效果，相应的，要实现的效果越复杂，需要的像素数越多，图像文件体积可能越大。矢量图的优点是其轮廓或形状更容易修改和控制，但是对于单独的对象，色彩变化的实现不如位图来得方便直接。另外，支持矢量格式的应用程序也远远没有支持位图的多，很多格式的矢量图都需要专门设计的程序才能浏览和编辑。

矢量图与位图可以互相转化，但位图转化为矢量图却并不简单，往往需要比较复杂的运算和手动调节。矢量和位图在应用上是可以相互结合的，如在矢量文件中嵌入位图以实现特别的效果、在三维影像中用矢量图建模和位图贴图以实现逼真的视觉效果，等等。

图2-3　矢量图像填色上色

在 Animate 中将位图转换为矢量图的方法为：

（1）在 Animate 中将位图转换为矢量图时，首先需要将位图导入场景或库。点击"文件"→"导入"→"导入到库"，如图 2-4 所示。

（2）点击以选中该位图，再选择"修改"→"位图"→"转换位图为矢量图"命令，如图 2-5 所示。

（3）在弹出的"转换位图为矢量图"命令菜单中，"颜色阈值""最小区域"这两项的参数越小，则生成的矢量图精度越高、占用的系统资源也就越大，如图 2-6、图 2-7 和图 2-8 所示。

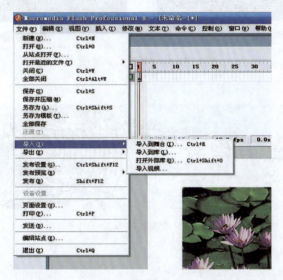

图2-4　导入到库

图 2-5   转换位图为矢量图

图 2-6   转换设置

转换前的位图

转换后的矢量图

图 2-7   位图转换为矢量图 1

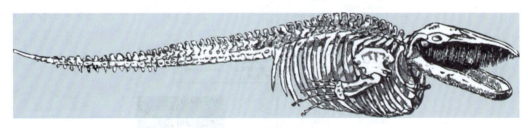

图 2-8   位图转换为矢量图 2

第二节 矢量图形的线(边线)工具与面(填充)工具

在 Animate 工具面板中的绘图工具都是矢量绘图工具，按功能可以分为两大类：线形工具(线条)和面形工具(填充)。对于初学者来说，从这个思路入手来学习绘图工具会更易于掌握，如图 2-9 所示。

典型的线形工具包括直线工具、钢笔工具、铅笔工具，专门对应线形工具并能加以修改的是墨水瓶工具；典型的面形工具包括笔刷工具(可以使用压感笔)，专门对应面形工具并能加以修改的是油漆桶(颜料桶)工具，如图 2-10 所示。

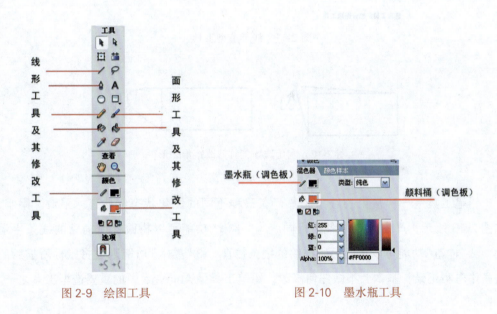

图 2-9 绘图工具　　　　　　　　　　图 2-10 墨水瓶工具

和其他的矢量软件一样，Animate 中的图形分为"线"和"面"两个大类。这也是各种矢量软件互相转换格式的基础。在 Animate 中，"线"和"面"有着各自不同的属性和修改工具。需要注意的是："线"可以转化为"面"，"面"是不可以转化为"线"的。

墨水瓶和颜料桶，分别是线形工具和面形工具的调色板，虽然它们的功能几乎一致，但是不能通用。墨水瓶只能修改线形而不能修改面形，反之亦然。下面就以这两大类工具为基础来介绍 Animate 的造型方法。

一、线形造型工具

初学者往往重视直线、钢笔等造型工具，而对修改工具（在 Animate 中选择、部分选择工具是重要的修改工具）则相对忽视。其实，合理使用修改工具对于动画造型工作是很有帮助的，如图 2-11、图 2-12 所示。

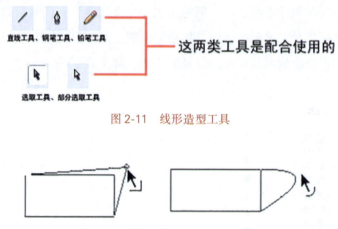

图 2-11　线形造型工具

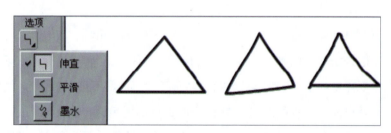

图 2-12　利用选择工具修改矩形外形

铅笔工具是一种常用的线条工具，有三种不同的优化状态：伸直、平滑、墨水，如图 2-13 所示，产生的效果各不相同。①"平滑"功能可以将鼠标所描绘的线条平滑化；②"伸直"功能可以将鼠标所描绘的线条拉直；③"墨水"功能则是将鼠标所描绘的线条作忠实记录，基本上不做任何修改。铅笔工具是 Animate 中的重要造型工具之一。

图 2-13　铅笔工具的三种状态

直线工具也是一种常用的线条工具，使用起来非常简单。据调查，绝大多数"闪客"最常用的工具就是它。在 Animate 中，直线工具常配合选择工具来使用。

　　钢笔工具，无论是图标还是使用方法，都和 Photoshop 里的钢笔工具很像，它是通过路径和节点来控制图形的。当使用钢笔工具绘画时，用户通过单击可以在直线上创建节点，通过单击和拖动可以在曲线上创建节点，进而通过调整线条上的节点来调整直线和曲线，如图 2-14、图 2-15 所示。

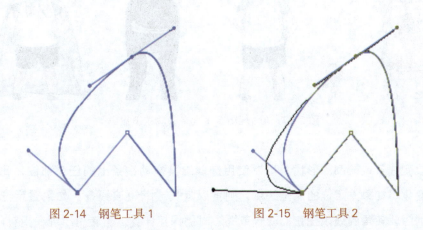

图 2-14　钢笔工具 1　　　　　　　　　图 2-15　钢笔工具 2

　　"部分选取"工具经常和钢笔工具配合使用，移动锚记点可以调整直线线段的长度、角度或曲线线段的斜率；也可以用来给钢笔工具描绘的路径增加节点，如图 2-16、图 2-17 所示。

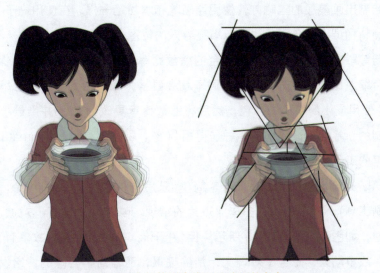

图 2-16　全部使用直线工具造型的角色

图 2-17　Animate 卡通角色人物造型设定

　　要改变线条或轮廓的形状，可以使用选取工具拖动线条上的任意部位，此时指针会发生变化。如果重定位的点是终点，则可以延长或缩短该线条；如果重定位的点是转角，则组成转角的线段在它们变长或缩短时仍保持伸直。当转角出现在指针附近时，可以更改终点。当曲线出现在指针附近时，可以调整曲线。

二、面造型工具（笔刷）

　　刷子工具是一种典型的面形造型工具，它所描绘的只可能是面形而不是线条。刷子工具能绘制出画笔般的笔触，就像用油画笔和水粉笔一样。在使用刷子工具涂色时，可以使用颜料桶调出的色彩，也可以填充导入的位图。

　　对于新笔触来说，用户在更改舞台的缩放比率级别时刷子的尺寸会保持不变，所以，当舞台缩放比率降低时，同一个刷子就会显得太大。例如，将舞台缩放比率设置为 100％并使用最小的刷子来涂色，然后将缩放比率更改为 50％并用最小的刷子再涂一次，绘制的新笔触就比以前的笔触显得粗 50％。刷子工具也是 Animate 中唯一可以对应压感笔的工具。

　　《八千代》这部动画的制作手法异常简单（只用一种软件——Animate，只用一种工具——笔刷工具），却表现出很多毕业短片的常规"范式"——青春、戏谑、玩世不恭、轻狂、叛逆，如图 2-18、图 2-19 所示。但《八千代》将耐人寻味的故事有节奏地展开，情节完整、故事动人，隐含了对现实无情的嘲讽，而非简单狂躁的情绪发泄，充满矛盾却自成体系。

图 2-18 《八千代》(史悲，2012)

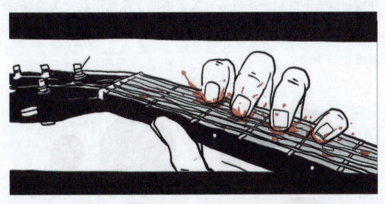

图 2-19 该片基本使用 Animate 笔刷造型工具绘制

三、合并绘制模式与对象绘制模式

(一) 合并绘制模式

这是 Animate 中的默认绘制模式，即重叠绘制形状时，会自动进行合并。当绘制在同一图层中互相重叠的形状时，最顶层的形状会截去在下方与其重叠的部分。因此，它是一种具有破坏性的绘制模式。

如果绘制一个圆形并在其上方叠加一个较小的圆形，然后选择较小的圆形并进行移动，则会删除第一个圆形中与第二个圆形重叠的部分，如图 2-20 所示。当形状既包含笔触又包含填充时，这些元素会被视为可以进行独立选择和移动的单独的图形元素。

(二) 对象绘制模式

这种模式能创建被称为绘制对象的形状，且绘制对象是在叠加时不会自动合并在一起的单独的图形元素。用户在分离或重新排列形状的外观时，会使形状重叠而不会改变它们的外观。Animate 将每个形状创建为单独的对象，可以分别进行处理。当绘画工具处于对象绘制模式时，使用该工具创建的形状为自包含形状。形状的笔触和填充不是单独的元素，重叠的形状也不会相互影响。选择用对象绘制模式创建形状时，Animate 会在形状周围添加矩形边框来标识它。

（三）重叠形状

当在合并绘制模式下绘制一条与另一条直线或已涂色形状交叉的直线时，重叠直线会在交叉点处分成多条线段。若要分别选择、移动每条线段并改变其形状，可使用选取工具，如图 2-22 所示。

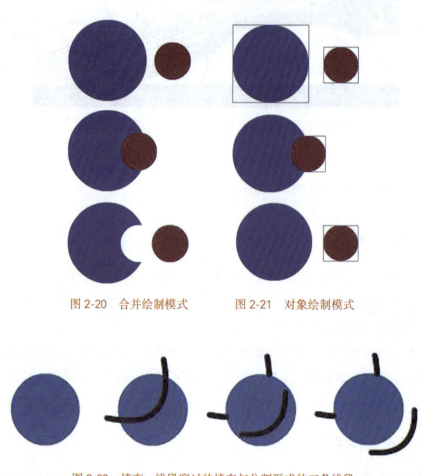

图 2-20　合并绘制模式　　　图 2-21　对象绘制模式

图 2-22　填充、线段穿过的填充与分割形成的三条线段

第三节 课程案例——角色实例解析

一、案例一：课堂作业《Q 版角色》造型设计(作者：金宽)

步骤 1：起稿，如图 2-23、图 2-24 所示。设计动画人物角色时，首先要在纸上用铅笔起草稿，完成角色设计草图，再用扫描仪录入电脑。假如有条件的话，也可以考虑使用手绘数位板，最终生成位图之后导入 Animate。接着在 Animate 中新建两个图层：一个放置位图，另一个用直线工具描边，即完成图形的矢量化。

图 2-23 起稿　　　　　　　　　　　　　　图 2-24 勾线

步骤 2：描线并加厚边缘，如图 2-25、图 2-26 所示。为了使线条更生动，具有明显的粗细变化，在描好边的外层再描一次边，让线条形成一定的厚度，也能方便下一步为线条填色。当再次描边完成之后即可填充黑色，使线条顿挫分明、有层次感。在这一步骤中，可以使用选取工具和橡皮擦工具对图形进行修改。

图 2-25　描边

图 2-26　加厚并填充

　　步骤 3：完成全身造型并上色，如图 2-27、图 2-28 所示。对人物的衣服同样进行描边并填充，此时线稿已经完成描边，可调整细节后用油漆桶给角色上色，再给人物加上阴影和衣服的纹理。用线条工具画到要填充颜色的区域时，应在颜色混色器里选取颜色并注意区别色差，有助于形成明暗立体效果，如图 2-29 所示。

图 2-27　完成全身造型

图 2-28　上色

图 2-29　添加阴影与纹理

二、案例二：课堂作业《Pink rabbit》造型设计（作者：宋朝）

相较上一个实例，这个角色的造型显得更直观，整体线条简练，基本上用直线和几何形状来完成，如图 2-30 所示。

图 2-30　整体造型图

步骤 1：简单地画出人物的头部轮廓。首先从头部开始造型，以椭圆为基准形并添加五官、饰物等，如图 2-31 所示。

图 2-31　用直线与几何形来架构人物造型

　　步骤 2：完成角色的全身轮廓并对线稿进行上色。画出人物上半身的大致轮廓，接着画出下半身并完成人物的整体轮廓。在制作过程中，可以将铅笔工具、直线工具、钢笔工具、椭圆工具等配合使用，其间应注意线条之间的闭合与穿插关系，这将直接关系到随后的上色工作。具体刻画角色整体造型并完成线稿后，就可以进行上色，并对人物的具体造型加以修饰，加强对细节的刻画，使人物造型更加生动，如图 2-32 所示。

图 2-32　完成全身轮廓并上色

三、案例三：课堂作业《小和尚》角色造型设计（作者：张冠男）

这部动画的画面简洁流畅、卡通味十足。人物造型并不复杂，但以细节生动地刻画出角色形象，且用色明快、疏密得当，如图 2-33 所示。

图 2-33 《小和尚》角色造型设计

四、案例四：《巨冢》《奇语》角色造型设计（作者：高雷）

本案例表现出的独特的动画美术风格，在很大程度上源于创作者的造型方法——从角色到场景到道具，所有画面中的元素都是使用笔刷工具并用鼠标来造型。虽然很少借助手绘工具，但画面仍具有一定的手绘感，动画的"电脑味"淡化了许多，如图 2-34、图 2-35 和图 2-36 所示。

Animate 动画短片的独立创作几乎涉及动画创作的整个流程，包括剧本创意、人物设定、分镜头剧本等；而作为课程作业，学生必须独立完成整部短片。因此，个人在有限时间、有限条件下的短片的创作模式成为探索的重点，必须找到一个创作突破口，或者说一条线索。个性化的美术风格就是《奇语》这部短片的创作突破口，作者基于此设计了一系列个人风格显著的角色形象。

图 2-34 《巨冢》人物造型设定系列

图 2-35 《奇语》人物造型设定系列 1   图 2-36 《奇语》人物造型设定系列 2

五、案例五：《迟来的礼物》角色动作造型（作者：管淘玉）

本案例中的造型全部使用勾线平涂的主流二维动画制作技法来完成，这种造型手法的完成度高、叙事能力强，如图 2-37 所示。

图 2-37　角色动作造型

六、案例六：《红领巾侠》多软件协同制作（作者：李夏）

本案例中的原画动态草稿使用 Animate 的板刷绘制，但作者对 Animate 线条的修形效果与表现力不满意，如图 2-39、图 2-40 所示。

图 2-38　《红领巾侠》动态场景

图 2-39　初稿 1

图 2-40　初稿 2

作者在 SAI 软件中用钢笔工具来修形，可能觉得矢量线还是不自然，所以最后将线叠加了两层——上层的线设为半透明，下层的线加了些高斯模糊效果。这样会让角色显得不那么僵硬，还可以把底色当作遮罩层，然后用渐变工具控制整体的明暗关系。整体画面色调在最终合成时又加了眩光，如图 2-41、图 2-42 和图 2-43 所示。

图 2-41　修形稿 1　　　　　　图 2-42　修形稿 2　　　　　　图 2-43　修形稿 3

第四节　课程案例——场景实例解析

一、案例一：二维动画《妈妈的晚餐》室内场景设计（作者：胡双）

该案例中综合应用了矢量图与位图，并使用 After Effects 制作光效。

图 2-44　手绘草稿

步骤 1：根据前期准备搜集的素材，在纸上手绘草稿，并按照分镜头设计来明确光源和画面构图，如图 2-44 所示。

图 2-45　区分前后景并上色

　　步骤 2：确立了构图之后，用 Flash 中的钢笔工具拖出硬边缘，并确定物品的前后关系，对前景和后景做简单区分，然后涂上大块颜色，如图 2-45 所示。

　　步骤 3：给物品涂上固有色，营造光照效果并统一光源。在 Photoshop 中分出一个图层用于添加光感，但其透明度不能过大，50 左右即可，否则会影响画面效果。然后用 Photoshop 中滤镜模糊工具的"镜头模糊"效果将前景做得模糊一些，半径可设为20 左右，以拉开前后关系，如图 2-46 所示。

图 2-46　统一沟源并添回滤镜

步骤 4：最后加上光影效果。首先制作影子的图层，光感可在 After Effect 中运用插件 shine 来制作。在此要注意的是，分层制作完成后，合成时要一层使用特效，另外一层用原始合成，其中效果层应在上面，之后形成最终效果，如图 2-47 所示。

图 2-47　最终效果图

二、案例二：《呈坎小巷》场景设计（作者：曾渊）

这是一幅完整的线稿，作者使用手绘板直接进行上色，如图 2-48 所示。

步骤 1：打开 Flash 软件，点击"文件"→"导入"，将底稿导入图层。

步骤 2：矢量线条绘制完毕后，用 Photoshop 中的水彩笔上色，此时要将图层分层处理，以便之后修改。先大面积上色，分出明暗。因为 SAI 可以方便地修改图层的透明度，所以绘制底稿的时候可以大胆一点，笔画稍微重也没有多大的问题，如图 2-49 所示。

步骤 3：逐步描绘细节部分，要注意的是绘制不同的物体最好使用不同的图层。在涂抹大面积灰部或者暗部时，可以把水彩笔的混色和水分量调高；在涂抹亮部时，可以把混色和水分量调低，以增加色彩的纯度。还可以选择各种笔触，用来增强物体的肌理效果，如图 2-50 所示。

图 2-48　线稿

图 2-49　上色

图 2-50　描绘细节

　　步骤 4：考虑到动画场景可能会根据设定的时间而使用不同的灯光效果，所以此时可以增加光效。在已有图层顶端新建一个图层，这个位于最上方的图层可用来制造"黄昏"效果，如图 2-51、图 2-52 所示。

图 2-51　增加光效 1

图 2-52　增加光效 2

三、案例三：居民区场景设计（作者：沃璐璐）

步骤1：参照素材，用铅笔在 A3 纸上勾出线条，随后将完成的线稿扫描进电脑，如图 2-53 所示。

图 2-53　完成线稿并扫描进电脑

步骤2：打开 Photoshop，将线稿导入，并作为背景层并锁定。然后新建三个组，分别命名为"前排房屋""后排房屋""路面"，然后在各组下方新建图层，便于分层处理。

步骤3：完成分层后，使用画笔工具依次进行填色。需要注意的是，填色的区域必须是在所建立的图层里。如果发现线稿还不是很完整，在填色的时候还可以进行调整，如图 2-54 所示。接下来给画面增加雪景。新建一个组并命名为"雪景"，然后在该组下方新建图层并绘制雪景，如图 2-55 所示。

步骤4：制造光效。新建一个组并命名为"光"，接着新建图层，用画笔工具绘出光效果，其中一层为黄光，将图层的正常模式改为"叠加"，再进行细微的调整，最终效果如图 2-56 所示。

图 2-54 完成填色

图 2-55 添加雪景

图 2-56 最终效果图

四、案例四：平时作业《寝室一角》（作者：张乐天）

制作本案例时，先使用 Animate 对矢量图进行勾线，然后在 Photoshop 中进行渲染。

步骤 1：首先拍摄一张寝室一角的素材照片作为参考，如图 2-57 所示。新建一个 Animate 文件，导入实景图，设为单独图层并作为背景，然后锁定这个图层，防止受误操作影响。然后把前景的电扇和后景的寝室地面分开制作，这样便于完成后导出到 Photoshop 中制作光效。接着运用"线条工具"绘制电扇的轮廓，其间按住 Ctrl 可增加线条的顶点，方便精细造型。

步骤 2：在线条绘制结束后，使用"颜料桶工具"对电风扇进行填色。需要注意的是，填色的区域必须是封闭空间。这样就完成了电风扇的绘制，如图 2-58 所示。

图 2-57　实景素材

图 2-58　绘制电风扇

　　步骤 3：绘制地面部分。先勾出物体的轮廓线，再使用"颜料桶工具"对一些区域进行填色，如图 2-59、图 2-60 所示。

图 2-59　勾出轮廓线

图 2-60　填色

　　接着点击"文件"→"导出"→"导出图像"，分别导出前景与后景这两层的图像，图像格式选择 PNG，这样可以保持通道，让空白部分显示为透明。再把这两张图片拖进 Photoshop。接着从网上找一张合适的地砖材质贴图作为地面图层并放到最底部，最后使用 Photoshop 中的笔刷工具，调节笔刷和笔刷透明度后画出阴影。

步骤4：新建图层并绘制光效。光效主要分为两层：一层为黄光，另一层为洋红光，图层的叠加模式设为"强光"。最后对各处进行微调，场景设计就完成了，如图2-61、图2-62所示。

图 2-61　导入 Photoshop　　　　图 2-62　画出阴影

五、案例五：《妈妈的晚餐》室外场景设计（作者：胡双）

本案例中除静态场景外，作者还考虑并设计了光线的运动效果。

步骤1：搜集大树的实景资料，如图2-63所示。在 Photoshop 中分层绘制大树，将树干、树叶等图层分开。再加上一层真实的树皮，叠在树皮的图层上。然后新建图层并命名为"光"，给大树添加光感，同时加上树枝的图层，如图2-64、图2-65所示。

步骤2：在 After Effects 中导入 ps 文件，调节效果并制作光和树叶的运动。然后新建固态层，添加分形噪波效果后将该层预合成并隐藏。

接着给树叶层添加置换映射的效果，映射图层为刚才新建的固态层"白色固态层1合成"，然后修改水平置换和垂直置换的亮度参数，将数值设为2，如图2-66所示。光的图层添加置换映射的效果，映射图层为刚才新建的固态层"白色固态层1合成"，然后修改水平置换和垂直置换的亮度参数，将数值也设为2。观察完成效果，可发现树叶和光线的运动都比较自然了，如图2-67所示。

图 2-63　大树的实景图片

图 2-64　在 PS 中绘制大树

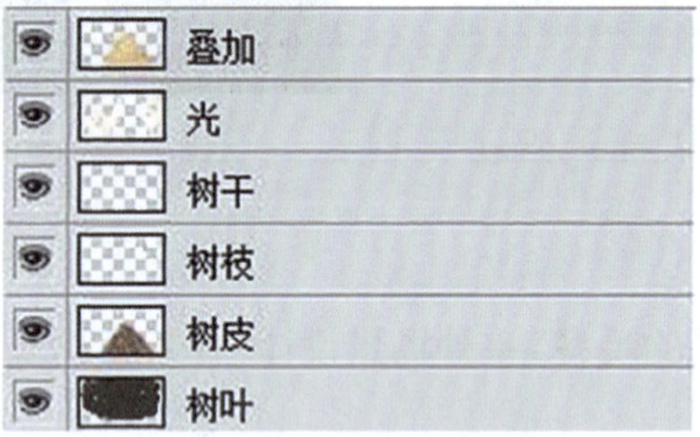

图 2-65　分别增加图层

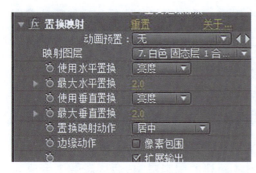

图 2-66　置换映射

图 2-67　最终效果

六、案例六：《妈妈的晚餐》室外场景设计（作者：胡双）

本案例中除静态场景外，作者还设计了景物与光线的运动。

步骤 1：分层制作知了的翅膀，翅膀细节要做得丰富、自然，如图 2-68 所示。

图 2-68　分层制作知了的翅膀

制作背景时，要注意树的纹理与阴影的刻画。此处用了真实的树皮来制作纹理效果，如图 2-69、图 2-70 和图 2-71 所示。

图 2-69

图 2-70　刻画树的纹理

图 2-71   绘制阴影

步骤 2：制作前景，注意区分前后景关系以拉开空间。制作知了翅膀扇动动画时，先给翅膀分好层并制定旋转关键帧，接着调节动作，之后再给翅膀添加快速模糊效果，将"模糊方向"设为"水平"并调整模糊量，如图 2-72 所示。

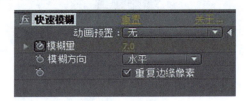

图 2-72   设置快速模糊效果

步骤 3：制作光线的运动。设定照射在树上的阳光，增加光线效果并整体调整色调，使画面显得更柔和，如图 2-73 所示。

图 2-73   添加光的效果

七、案例七：《大头旺》场景光影的渲染（作者：金宽）

（一）添加光影效果

《大头旺》整部短片都用到了光影效果，使画面颜色显得更丰富、生动。

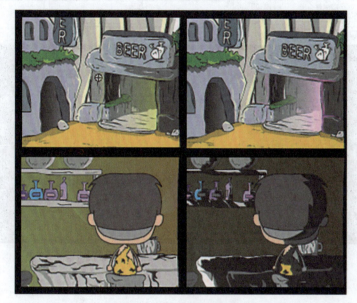

图 2-74　场景的光影渲染

步骤 1：先将酒吧内部场景确定下来，然后新建图层并在上面绘制阴影。这种方法在后面的很多场景中都会用到。当所有的阴影部分都绘制完成以后，在它们上面再新建一个图层，并命名为"灯光"，然后用刷子工具画出灯光的范围。

步骤 2：灯光范围确定之后，打开颜色混色器，调整 Alpha（不透明度）值和相关属性，如图 2-75 所示。

步骤 3：制作出闪烁的效果。按 F6，在时间轴上插入关键帧，隔一个关键帧插入一个空白关键帧，然后通过混色器调节新关键帧中灯光的颜色，

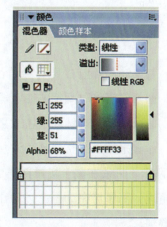

图 2-75　颜色混色器

大约更改 3 到 4 个关键帧的颜色，就能制作出酒吧中灯光闪烁的画面，如图 2-76 所示。

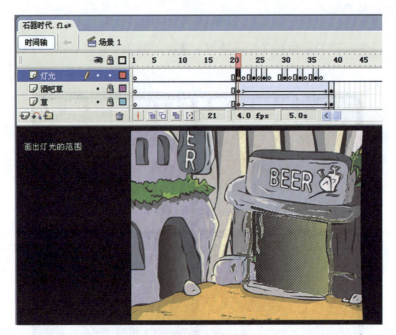

图 2-76　画出灯光的范围

需要注意的是，阴影和灯光也得随着画面的变化而变化，所以有时候需要设置关键帧来调整灯光或阴影的位置，并且不同灯光和阴影可以通过调节透明度的值并叠加来生成。

（二）添加纹理

每部动画片应该具有独特的风格，才能使人印象深刻。就《大头旺》这部短片来说，因为作者将时间定位在石器时代，所以需要营造比较远古的画面感。

怎么来营造自然的远古效果呢？为了使场景不那么"电脑化"，让画面看上去更舒服，作者采用了给整部动画添加纹理的方法，使之更接近手绘风格，如图 2-77、图 2-78 所示。只须在整个场景图层的最上面增加一张石头纹理的位图，降低图片的透明度并将这张图覆盖在动画上，即让整部动画具有纹理效果，有点类似 Photoshop 中的图层叠加。

图 2-77　加上纹理效果前后的对比

图 2-78　场景纹理效果的渲染

步骤 1：在网上先找到一张具有石头纹理的图片素材，如图 2-79 所示。也可以在 Photoshop 里用滤镜制作具有此类纹理的图片。

步骤 2：导入 Animate 并按快捷键 Ctrl+F8 将图片转换为元件，再将该元件命名为"纹理"。

步骤 3：在所有图层的上面新建一个图层并命名为"旧效果"，再把纹理元件拖到旧效果图层里，如图 2-80 所示。

步骤 4：单击纹理元件，在属性面板中将 Alpha 值(也就是透明度)设为 23%，如图 2-81 所示。然后将旧效果图层上锁，以方便选区操作。

图 2-79 石头纹理图片素材

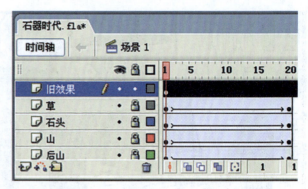

图 2-80 加入"旧效果"纹理

图 2-81 调整纹理属性

八、全新的两种"画笔"工具

从 Flash 到 Animate，画笔工具一直是动画师的主要造型工具，但相较其他二维动画软件中的同类工具，Animate 的线条工具十余年来没有重要的更新，为了增强动画线条的表现力，尤其是突破传统画笔工具在线条的变化和律动上的局限，以应对其他二维动画软件的竞争，如"TVP"或"CSP"，从 Animate2020 版本之后，新增了两种线条画笔工具——"画笔"工具和"流畅画笔"工具，而原来的"画笔"工具被重新命名为"传统画笔"工具。

初学者往往对这三种工具容易混淆，其实只要认真学习前面的矢量图形的"线条"和"填充"部分，就不难区分。

（1）"传统画笔"工具 ✐——属性为"填充"，也就是面，需要配合手绘板才能绘制有变化的笔触，用鼠标绘制的线条的韵律、节奏变化不明显、不自然，如图 2-82 所示。

（2）新增的"画笔"工具 ✐——属性为"线条"，也就是线，既可以配合手绘板，也可以配合鼠标来使用。线条有粗细的韵律变化，区别于传统的"铅笔"工具（线条没有粗细变化），用法接近传统画笔。其特性为：①新的画笔大小在 1—200 像素范围内；

②调整画笔大小时可以实时预览；③结合其他图稿进行绘制时，画笔和橡皮擦工具将对应轮廓模式视图，因此不会遮住绘制内容；④可以记住 Animate 中各个会话的画笔设置，如上次使用的画笔大小、形状和模式；⑤绘制体验得以改进，特别是较短的画笔笔触更自然流畅。

（3）新增的"流畅画笔"工具 ✍——属性为"填充"，也就是面，既可以配合手绘板，也可以配合鼠标来使用。线条有粗细的韵律变化，但对老旧电脑的支持较差，需要使用 GPU 加速。其用法同样接近传统画笔，如图 2-83 所示。除了能够配置大小、锥度、角度和圆度外，该工具还提供以下选项：①稳定器：在绘制笔触时可避免轻微的波动和变化；②曲线平滑：有助于减少在绘制笔触后生成的总体控制点数量；③曲线平滑速度：根据线条的绘制速度确定笔触的外观，如图 2-84 所示；④压力：根据画笔的压力调整笔触。

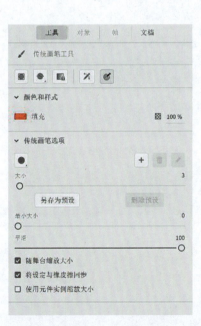

图 2-82 传统画笔工具属性选项

图 2-83 流畅画笔工具属性选项

不带曲线平滑　　　　带曲线平滑

图 2-84　曲线平滑

一、讨论与思考

怎样将 Animate 与 Photoshop 等软件配合使用？

二、作业与练习

1. 使用 Animate 与 Photoshop 配合，绘制场景图"校园一角"。

2. 使用 Animate 矢量工具绘制逐帧动画"青蛙变大象"等。

第三章　Animate 动画的基本运动规律与特殊运动规律

第一节　两种基本补间动画

一、Animate 动画的基本要素

（一）时间轴

时间轴是 Animate 的重要组成部分，在 Animate 动画制作过程中，许多功能要通过时间轴来体现。

时间轴用于组织和控制文档在一定时间内播放的图层数和帧数。与胶片一样，Animate 同样将文档的时长分为帧。在时间轴的上面有一条红色的线，那是定位播放头，拖动播放头可以实现对动画的定点观察，这在制作当中是很重要的步骤，如图 3-1 所示。

文档中的图层排列在时间轴左侧，如图 3-2 所示。每个图层中包含的帧显示在该图层右侧。播放头指示当前在舞台中显示的帧。播放 Animate 文档时，播放头从左向右通过时间轴。时间轴状态位于时间轴的底部，它显示出所选的帧编号、当前帧频以及到当前帧为止的运行时间；在播放动画时，将显示实际的帧频；如果计算机性能不能支持足够快地计算和显示动画，则显示的帧频可能与文档的帧频设置不一致。

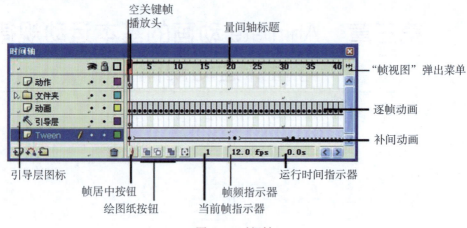

图 3-1　时间轴

图 3-2　图层在时间轴左侧

在默认情况下，时间轴显示在主应用程序窗口的顶部，在舞台之上。用户可以将时间轴停放在主应用程序窗口的底部或任意一侧，或在单独的窗口中显示时间轴；也可以隐藏时间轴，或者调整时间轴的大小，从而更改可以显示的图层数和帧数。如果因图层太多而无法在时间轴中全部显示，可以通过使用时间轴右侧的滚动条来查看全部图层，如图 3-3 所示。

图 3-3　移动播放头

播放 Animate 文档时，播放头在时间轴上移动，指示当前显示在舞台中的帧。时间轴标题则显示动画的帧编号。要在舞台上显示帧，可以将播放头移动到时间轴中该帧的位置。如果正在处理大量的帧，而这些帧无法一次全部显示在时间轴上，则可以将播放头沿着时间轴移动，从而轻松显示特定帧。如须转到指定帧，可单击该帧在时间轴标题中的位置，或将播放头拖到所需的位置即可。

在 Animate 中可以更改时间轴中的帧显示模式，一共有五种模式：很小、小、标准、中等、大，还可以向帧序列添加颜色以加亮显示，以及在时间轴中对包括帧内容的缩略图进行预览，如图 3-4 所示。

图 3-4　更改时间轴中的帧显示

要更改时间轴中的帧显示模式，可单击时间轴右上角的"帧视图"，在弹出菜单中调整以下选项：

（1）要更改帧单元格的宽度，可选择"很小""小""正常""中"或"大"。其中，"大"帧宽度设置对于查看声音波形的详细情况很有帮助。

（2）要降低帧单元格行的高度，可选择"较短"。打开或关闭用彩色显示帧顺序，可选择"彩色显示帧"。

（3）要显示每个帧的内容缩略图（其缩放比率适合时间轴帧的大小），可选择"预览"，但可能导致内容的尺寸发生变化。

（4）要显示每个完整帧（包括空白空间）的缩略图，可选择"关联预览"。如果要查看动画放映期间元素在帧中的移动方式，此选项非常有用，但是这样通常比用"预览"选项生成的缩略图要小。

(二) 帧和关键帧

和其他动画形式一样，帧是 Animate 动画中最基本的单位，每一部 Animate 动画都是由很多帧构成的，在时间轴上的每一帧都包含需要显示的所有内容，如图形、声音、各种素材和其他多种对象。

1. 关键帧和补间

关键帧是由人为控制和设定，用来定义动画变化、更改状态的帧，即舞台上存在实例对象并可对其进行编辑的帧。

补间是由电脑根据关键帧自动生成的，在时间轴上能显示实例对象，但不能人为地对实例对象进行编辑操作的帧。

2. 帧频

帧频是指动画播放的速度，以每秒播放的帧数为度量。帧频太慢会使动画看起来卡顿、不流畅，帧频太快会使动画的细节变得模糊，并使得动画的体积增大、制作的工作量变大。Animate 动画的帧频默认是 12 帧 (fps)。这是因为在网络上应用时，每秒 12 帧 (fps) 帧频的动画通常会取得比较好的显示效果。

电影标准的运动图像速率是 24fps，我国所采用的 Pal 制式电视的帧频是 25fps。动画的复杂程度和播放动画的计算机性能会影响播放时的流畅程度。因此，在发布动画前应在不同的计算机上测试，以确定最佳帧频。但一般只给整个 Animate 文档指定一个帧频，并且最好在创建动画之前设置帧频。

3. 帧和关键帧的操作与应用

在时间轴中，可以对帧和关键帧进行一系列的操作，如通过在时间轴中拖动关键帧来更改补间动画的长度、修改帧或关键帧等。

(三) 图层

图层就像堆叠在一起的多张幻灯胶片一样，在舞台上一层层地叠加。每个图层都包含一个显示在舞台中的不同图像。图层可以分层绘制或编辑其中的对象，而不会影响其他图层上的对象。如果一个图层上没有内容，那么就可以透过它看到下面的图层。要绘制、上色或者对图层文件进行修改，需要在时间轴中选择该图层以激活它。时间轴中的图层或文件夹名称旁边的铅笔图标表示该图层处于活动状态，需要注意的是，一次只能有一个图层处于活动状态，如图 3-5 所示。

图 3-5　场景分层图

当创建了一个新的 Animate 文档之后，它仅包含一个图层。用户可以添加更多的图层，以便在文档中组织插图、动画和其他元素。可以创建的图层数只受计算机内存的限制，而且图层也不会增加发布的 SWF 文件的大小，只有放入图层中的对象才会增加文件的大小。用户可以隐藏、锁定或重新排列图层，还可以通过创建图层文件夹并将图层放入其中来组织和管理这些图层。在制作过程中，可以在时间轴中展开或折叠图层文件夹，而不会影响在舞台中看到的内容。对声音文件、帧标签和帧注释分别使用不同的图层或文件夹是个很好的方法，有助于用户在编辑项目时快速地找到所需要的内容，如图 3-6 所示。

另外，Animate 中除了一般图层之外，还有两种特殊图层——引导层、遮罩层。使用引导层可以使动画运动轨迹效果变得更加丰富，而使用遮罩层可以创建各种复杂的特效。

1. 创建图层

单击时间轴底部的"插入图层"按钮，或依次点击"插入"→"时间轴"→"图层"，还可以用右键单击时间轴中的某个图层名称，然后从弹出的上下文菜单中选择"插入图层"。

2. 创建图层文件夹

在时间轴中选择一个图层或文件夹，然后依次点击"插入"→"时间轴"→"图层文件夹"。

3. 复制帧与粘贴帧

单击时间轴中的图层名称以选择整个图层，再点击"编辑"→"时间轴"→"复制

帧"，然后单击"添加图层"按钮可以创建新图层，接着选中该新图层并点击"编辑"→
"时间轴"→"粘贴帧"即可。

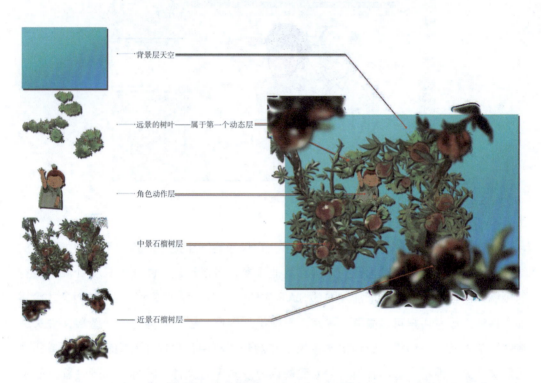

图 3-6   《被单骑士》场景分层图

4. 删除图层或文件夹

单击时间轴中的"删除图层"按钮，或将图层或文件夹拖到"删除图层"按钮上即可
删除。另外，也可以右键单击该图层或文件夹的名称，然后从弹出的上下文菜单中选择"删
除图层"命令。

5. 更改图层或文件夹的顺序

将时间轴中一个或多个图层或文件夹拖动到时间轴中其他图层上方或下方的指定位置，可更改图层或文件夹的顺序。单击文件夹名称左侧的三角形，可展开或折叠所有文件夹，也可右键单击（Windows）或按住 Ctrl 键单击（Macintosh），然后从弹出的上下文菜单中选择"展开所有文件夹"或"折叠所有文件夹"命令。

二、Animate 补间动画

Animate 补间动画能够最大限度地减少所生成文件的大小，减少传统手绘动画中烦琐的补间制作工序，提高动画制作的效率。与逐帧动画不同，补间动画中的补间不是由作者一帧帧绘制的，而是由电脑自动生成的，即动画创作者只需要创建一段动画的首尾两个关键帧，而中间的补间则由计算机根据运动规律自动生成。所以，在补间中 Animate 只保存在帧之间更改的值。在补间动画中，在一个时间点定义了一个实例、组或文本块的位置、大小和旋转等属性后，可以在另一个时间点改变这些属性。用户也可以沿着路径应用补间动画。

（一）Animate 中最基本的三种动画形式：逐帧动画、形状补间动画和运动补间动画

1. 逐帧动画

逐帧动画是 Animate 最基本的动画形式，是通过更改每一个连续帧在舞台上的内容来创建动画的，它的每一帧使用单独的画面，适合于每一帧中的图像都会进行细微变化，而不是简单地在舞台中移动的复杂动画。

逐帧动画会保存每一帧上的完整数据，补间动画只保存帧之间的不同数据，因此，相对于逐帧动画，运用补间动画可以减少文件的大小。

2. 运动补间动画

运动补间动画是在两个关键帧端点之间，通过改变舞台上实例的位置大小、旋转角度、色彩调性等属性，并由程序自动创建中间过程的运动变化而实现的动画。它可以实现翻转、渐隐渐现等效果。需要注意的是，运动补间动画中的物体必须是群组物体。

3. 形状补间动画

形状补间动画是在两个关键帧端点之间，通过改变基本图形的形状或色彩，并由程序自动创建中间过程的形状变化而实现的动画。它可以实现由一个图形变为另一图

形的效果。需要注意的是，形状补间动画中的物体必须不是群组物体。

(二)时间轴中的动画表示方法

运动补间动画用起始关键帧处的一个黑色圆点指示　　，中间的补间帧有一个浅蓝色背景的黑色箭头。当以实线方式显示时，则表明该段动画制作无错误；如以虚线方式显示时，则表明动画制作时发生错误或不完整。

形状补间动画用起始关键帧处的一个黑色圆点指示　　；中间的补间帧有一个浅绿色背景的黑色箭头。当以实线方式显示时，则表明该段动画制作无错误。如以虚线方式显示时，则表明动画制作时发生错误或不完整。

单个关键帧用一个黑色圆点表示　　。单个关键帧后面的浅灰色帧包含无变化的相同内容。出现一个小 a 　　表明已利用"动作"面板为该帧分配了一个帧动作。红色标记 animation 　　表明该帧包含一个标签或注释。金色标记 animation 　　表明该帧是一个命名锚记。

第二节　补间动画操作实例

一、运动补间动画的操作实例

(一)在 Animate 中创建一个新文档

(1)点击"文件"→"新建"。

(2)在"新建文档"对话框中，默认情况下已选中"Animate 文档"，单击"确定"即可。然后在"属性"面板中，将当前舞台大小设为 550×400 像素，帧频设为 12fps。

(3)再将"背景"设置为白色，如图 3-7 所示。

图 3-7　新建文档并调整参数

(二)在舞台上绘制一个圆形

(1)在"工具"面板中选择"椭圆"工具。

(2)在"线条颜色选取器"中选择"没有颜色"选项。

(3)在"填充颜色选取器"中选择一种自己喜欢的颜色。

(4)选择"椭圆"工具，按住 Shift 键的同时在舞台上拖动鼠标，绘制一个正圆。

(三)将圆形群组

因为前文说过，运动补间动画中的物体必须是群组物体，而刚画好的圆是一个非群组物体，所以在做动画之前先要将它群组，如图3-8所示。

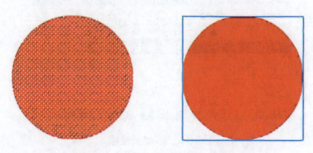

图 3-8　绘制正圆并将圆形群组

在 Animate 中，可以将多个元素作为一个对象来处理，但需要先将它们组合。例如，创建了一个物体后(如圆形或方形)，可以将该物体的相关元素合成一组，这样就可以将该物体及其元素当作一个整体来选择和移动。当用户选择某个组时，"属性"检查器会显示该组的 x 轴和 y 轴坐标及其像素尺寸。用户可以对组进行编辑而不必取消其组合，还可以在组中选择单个对象进行编辑，不必取消该对象的相关组合。

(1)选择"修改"→"群组"，或者使用快捷键 Ctrl+G，将圆形群组。该命令可以用于选择形状、其他组、元件、文本，等等。

(2)如果要取消组合对象，选择"修改"→"取消组合"即可。

(四)制作圆形运动补间效果

(1)将该圆形拖动到舞台区域的左侧，如图3-9所示。

(2)在时间轴中单击"图层 1"的第 20 帧即可选中该帧，如图3-10所示。

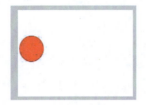

图 3-9 拖动圆形

图 3-10   选择第 20 帧

（3）在选中第 20 帧的情况下，点击"插入"→"时间轴"→"关键帧"。在第 20 帧处添加了一个关键帧，随后更改圆的位置，如图 3-11 所示。

图 3-11   添加关键帧

（4）在时间轴中仍选中第 20 帧的情况下，将圆拖动到紧挨着舞台区域的右侧。

（5）在 Animate 中，一段动画的属性是由其第一个关键帧来控制的。此时在时间轴中选择第 1 帧，接着在"属性"面板中，点击"补间"→"动作"，如图 3-12 所示。此时在时间轴中，图层 1 中的第 1 帧和第 20 帧之间出现了一个箭头，说明这段动画完成了，如图 3-13 所示。

图 3-12   补间菜单

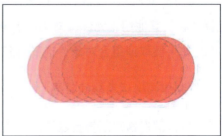

图 3-13   完成动画

（五）制作圆形运动补间的加速与减速效果

动画完成以后，为了产生更逼真的效果，可以在创建的动画补间上应用缓动效果，即加速与减速功能。用户可以为使用缓动滑块创建的每个补间动画指定缓动值。因为一段动画的属性是由其第一个关键帧来控制的，此时选择第 1 帧并拖动"缓动值"旁边的箭头或输入一个数值，即可调整补间帧之间的变化速率，如图 3-14 所示。

图 3-14　调整补间帧之间的变化速率

（1）如需加速的效果，向上拖动滑块或输入一个 –1 到 –100 之间的负值。

（2）如需减速的效果，向下拖动滑块或输入一个 1 到 100 之间的正值。

（3）默认情况下，补间帧之间的变化速率是不变的。缓动可以通过逐渐调整变化速率创建更自然的加速或减速效果。

（六）制作圆形的自定义缓入、缓出效果

在运动补间动画中，我们还可以给物体制作自定义缓入、缓出效果。自定义缓入、缓出对话框显示了动画随时间推移的变化程度，帧由水平轴表示，变化的百分比由垂直轴表示。第一个关键帧表示为 0%，最后一个关键帧表示为 100%。对象的变化速率用曲线图的曲线斜率表示。当曲线呈水平状态时（无斜率），变化速率为零；当曲线呈垂直状态时，变化速率最大，一瞬间完成变化。

缓动可用于调整补间动画的加减速属性，从而实现更自然、更复杂的动画。例如，在制作汽车经过舞台的动画时，如果让汽车从停止到开始缓慢加速，再到舞台的另一端缓慢停下，则动画会显得更逼真。如果不使用缓动，汽车将从停止立刻变为全速运动状态，然后在舞台的另一端又立刻停止。使用缓动时，可以对汽车应用一个补间动画，然后使该补间缓慢开始和停止，如图 3-15 所示。

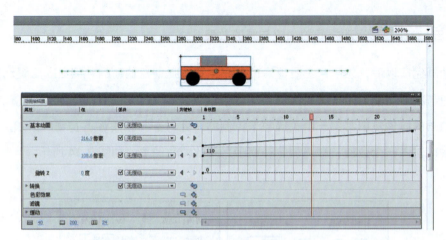

图 3-15　缓动补间

　　缓动的常见用法之一是在舞台上编辑运动路径，并启用浮动关键帧，以使每段路径中的运行速度保持一致，然后使用缓动在路径的两端添加更逼真的加速或减速属性。

　　(1)选中第一个关键帧。在帧"属性"面板中单击缓动滑块旁边的"编辑"按钮，此时会显示"自定义缓入/缓出"对话框。

　　(2)在默认情况下，"自定义缓入/缓出"对话框已自动勾选"为所有属性使用一种设置"，也可以取消选择该选项，并在属性下拉菜单中选择其中某属性来显示该属性的曲线。勾选该选项后，下拉菜单中的5种属性会各自形成一条独立的曲线；如仅选择某种属性，则会显示该属性的曲线，如图 3-16 所示。

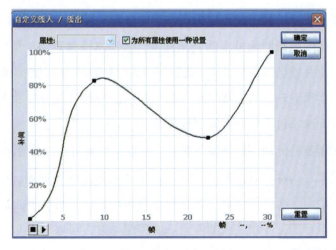

图 3-16　自定义缓入/缓出

(七) 制作方形旋转运动补间效果

运动补间动画的另一个功能是制作物体的旋转动画，因为正圆形旋转效果不明显，所以在此做一个长方形的旋转动画。

(1) 用矩形工具创建一个长方形并群组。

(2) 在时间轴中单击以选中"图层 1"的第 20 帧，并将其转换为关键帧，如图 3-17 所示。

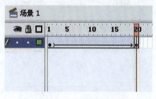

图 3-17　转换关键帧

(3) 在属性面板的"旋转"一栏中，选择旋转的方向"顺时针"(CW) 或"逆时针"(CCW)，随后输入一个数值并指定旋转的次数 (旋转次数的数值必须为整数)，如图 3-18、图 3-19 所示。

图 3-18　指定旋转次数　　　　图 3-19　最终完成效果

二、使用运动补间制作运动镜头的操作实例

(一) 建立图层并插入关键帧

从库中将各个制作好的元件放入对应图层中，再单击遮罩层的第 13 帧，然后按住 Shift 键并选中最下面的小楼图层的 13 帧，接着在选中的此列帧上右击，并在弹出的

上下文菜单中选择"插入关键帧"命令，如图 3-20 所示。

图 3-20 插入关键帧

(二) 创建补间

在全部图层的第 30 帧插入关键帧，点击任意变形工具并按住 Shift 键将第 30 帧的图形等比例放大，再放在合适的位置（为了接下面一个向上升的镜头，建议将图像放得偏下一些，这样会让镜头连接更流畅），然后选中两个关键帧中间的任意一列灰色的帧并右击，在弹出的上下文菜单中选择"创建传统补间"命令。接着可以进行场景测试，如图3-21所示。

图 3-21 场景测试

为了达到更好的效果，可以将第 30 帧上的"树叶动"图层稍向左上移一些，将第 30 帧的"下层树叶"图层稍放大并向右下方移一些，这样能让推镜头运动显得有层次感。同理，在第 90 帧处为各个图层插入关键帧，按住 Shift 键并将图形下移到合适位置后创建补间，最后测试场景。如果想要调节镜头运动速度，可以调节属性选项中的缓动值。

三、形状补间动画的操作实例

形状补间动画可以创建从一个形状到另一个形状的变形动画，具体属性包括形状的位置、大小、颜色和不透明度。一次补间一个形状通常可以获得最佳效果，如果一次补间多个形状，则所有的形状必须在同一个图层上。要对文本应用形状补间，必须将文本分离两次，从而将文本转换为图形对象。

(一)创建动画并建立两个关键帧

(1)创建新文件，并建立一段长度为 20 帧的动画，然后将首尾两帧，即第一帧和最后一帧转为关键帧，如图 3-22 所示。

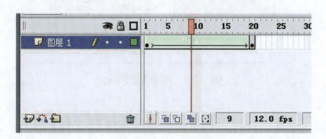

图 3-22　转换关键帧

(2)因为形状补间动画是从一个形状到另一个形状的变化，所以必须在首尾两个关键帧分别放置两个物体，在第1帧放置一个圆形，在第20帧放置一个方形，如图3-23所示。

图 3-23　圆形变为方形

(二)使用形状提示实现对复杂形状变化的控制

(1)运动补间动画中的物体必须是群组物体，但形状补间动画必须是非群组物体，所以在此不要将物体群组，假如是已经群组了的物体，要先取消群组。

(2)选择补间形状序列中的第一个关键帧，再选择"修改"→"形状"→"添加形状提示"。起始形状提示会在该形状的某处显示为一个带有字母 a 的圆圈，如图 3-24 所示。

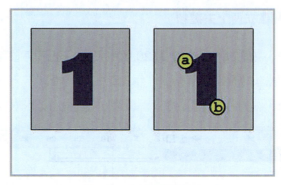

图 3-24　添加形状提示

(3)将形状提示移动到要标记的点，选中补间序列中的最后一个关键帧。结束形状提示时会在该形状的某处显示为一个带有字母 a 的圆圈。用户可查看所有的形状提示，也可以删除形状提示。例如，要补间一张正在改变表情的脸部图画时，可以使用形状提示来标记每只眼睛。这样在形状发生变化时，脸部就不会乱成一团，不仅每只眼睛都能辨认，而且在转换过程中可实现分别变化。

形状提示包含从 a 到 z 的字母，用于识别起始形状和结束形状中相对应的点，最多可以使用 26 个形状提示。起始关键帧中的形状提示是黄色的，结束关键帧中的形状提示是绿色的，当两者不在一条曲线上时为红色。要在补间形状时获得最佳效果，需要创建中间形状再进行补间，而不要只定义起始和结束的形状。

第三节　Animate cs4 中新增的功能

一、补间动画的新功能

Animate cs4 中新补间动画的基本特征：

（1）只需要一个关键帧，不同于以往需要一头一尾两个关键帧。

（2）要求物体必须是库元件——影片剪辑、按钮、图形与文字对象。

（3）补间动画自带路径轨迹功能，补间中的属性关键帧将显示为路径上的控制点。使用选取工具可公开路径上对应着每个位置属性关键帧的控制点和贝塞尔手柄，使用这些手柄能改变属性关键帧控制点周围的路径形状，如使用"选取"工具和"部分选取"工具可改变运动路径的形状；使用"选取"工具，可通过拖动方式改变线段的形状。

图 3-25　运动路径

在将补间应用于所有其他对象类型时，这些对象将包含在元件中。元件实例还可包含嵌套元件，这些元件可在相应的时间轴上进行补间。

二、3D 旋转

Animate 通过在舞台的 3D 空间中移动和旋转影片剪辑来创建 3D 效果。用户可以向影片剪辑添加 3D 透视效果——通过 3D 平移工具，使这些实例沿 X 轴移动或使用 3D 旋转工具使其围绕 X 轴或 Y 轴旋转。在 3D 术语中，在 3D 空间中移动一个对象称为平移，在 3D 空间中旋转一个对象称为变形。将这两种效果中的任意一种应用于影片剪辑后，Animate 会将其视为一个 3D 影片剪辑，每当选择该影片剪辑时就会显示一个重叠在其上面的彩轴指示符。若要使对象看起来离查看者更近或更远，可使用 3D 平移工具或属性检查器沿 Z 轴移动该对象。若要使对象看起来与查看者之间形成某个角度，可使用 3D 旋转工具绕该对象的 Z 轴旋转影片剪辑。通过组合使用这些工具，可以创建逼真的透视效果，如图 3-26、图 3-27 所示。

3D 平移和 3D 旋转工具都允许在全局 3D 空间或局部 3D 空间中操作对象。全局 3D 空间即舞台空间，全局的变形和平移与舞台相关；局部 3D 空间即影片剪辑空间，局部的变形和平移与影片剪辑空间相关。例如，如果影片剪辑中包含多个嵌套的影片剪辑，则嵌套的影片剪辑的局部 3D 变形与容器影片剪辑内的绘图区域相关。3D 平移和旋转工具的默认模式是全局的。若要在局部模式中使用这些工具，可点击"工具"→"选项"→"全局"切换按钮。

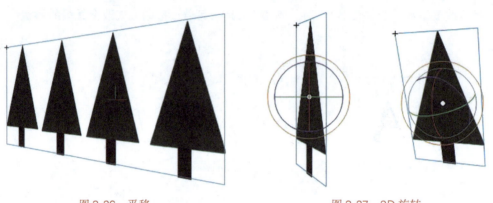

图 3-26　平移　　　　　　　　　　　图 3-27　3D 旋转

三、使用动画编辑器编辑属性曲线

通过"动画编辑器"面板，可以查看所有补间属性及其属性关键帧，它还提供了向补间添加精度和详细信息的工具。动画编辑器可显示当前选定的补间的属性。在时间轴中创建补间后，动画编辑器允许用户以多种不同的方式来控制补间，如图 3-28 所示。

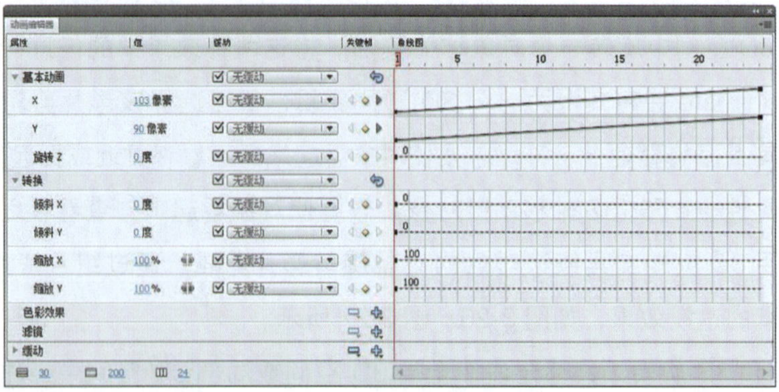

图 3-28　"动画编辑器"面板

第四节　库　元　件

库元件是指在 Animate 中创建且保存在库中的图形、按钮或影片剪辑等，它们可以在影片中重复使用，是 Animate 动画中最基本的元素。

"库"面板（点击"窗口"→"库"）是存储和组织在 Animate 中创建的各种元件的地方，它还用于存储和组织导入的文件，包括位图图形、声音文件和视频剪辑。利用"库"面板，用户可以在文件夹中组织库项目、查看项目在文档中的使用频率以及按照名称、类型、日期、使用次数等对项目进行排序。用户也可以使用关键字在"库"面板中进行搜索，并设置大多数多对象选区的属性。

图 3-29　库面板

一、库元件

（1）影片剪辑元件——可以理解为电影类型中的短片，它可以完全独立于主场景时间轴，并能重复播放。

（2）按钮元件——实际上是一个只有四帧的影片剪辑，但它的时间轴不能播放，只是根据鼠标指针的动作做出简单的响应，并转到相应的帧。用户通过给舞台上的按钮实例添加动作语句，可实现 Animate 影片强大的交互性。

（3）图形元件——可以重复使用的静态图像或连接到主影片时间轴上的可重复播放的动画片段。图形元件与影片的时间轴是同步运行的。

这三种元件的相同点是都可以重复使用，且当需要对重复使用的元件进行修改时，只需编辑库中的元件，而不必对所有使用该元件的实例一一进行修改，Animate 会自动根据修改的内容对所有使用该元件的实例进行更新。

二、应用元件时需注意的问题

（1）影片剪辑元件、按钮元件和图形元件最主要的区别在于，影片剪辑元件和按钮元件的实例上都可以加入动作语句，图形元件的实例上则不能；影片剪辑里的关键帧上可以加入动作语句，按钮元件和图形元件则不能。

（2）影片剪辑元件和按钮元件中都可以加入声音，图形元件则不能。

（3）影片剪辑元件的播放不受场景时间线长度的制约，它有元件自身独立的时间线；按钮元件独特的四帧时间线并不会自动播放，而只是响应鼠标事件；图形元件的播放则完全受制于场景时间线。

（4）影片剪辑元件在场景中测试时是看不到实际播放效果的，只能在各自的编辑环境中观看效果，而图形元件在场景中即可适时观看，实现所见即所得的效果。

（5）这三种元件在舞台上的实例都可以在属性面板中相互改变其行为，也可以相互交换实例。

（6）影片剪辑中可以嵌套另一个影片剪辑，图形元件中也可以嵌套另一个图形元件，但是按钮元件中不能嵌套另一个按钮元件。此外，这三种元件之间可以相互嵌套。

三、编辑元件实例的属性

每个元件实例都各有独立于该元件的属性。用户可以更改实例的色调、透明度和亮度，重新定义实例的行为（如将图形更改为影片剪辑），并可以设置动画在图形实例内的播放形式，还可以倾斜、旋转或缩放实例，这些操作并不会影响元件。

每个元件实例都可以设置独立的色彩效果。要设置实例的颜色和透明度选项，可使用属性检查器，但属性检查器中的设置会影响放置在元件内的位图。

当在特定帧中改变一个实例的颜色和透明度时，Animate 会在显示该帧时立即进行更改。要更改渐变颜色，可应用补间动画。当补间颜色时，用户可在实例的开始关键帧和结束关键帧中设置不同的效果，然后进行补间，从而让实例的颜色随着时间而逐渐变化。

位图缓存功能允许用户指定某个静态影片剪辑(如背景图像)或按钮元件在运行时缓存为位图，从而优化回放性能。在默认情况下，Animate Player 将在每一帧中重绘舞台上的每个矢量项目。将影片剪辑或按钮元件缓存为位图可防止 Animate Player 必须不断重绘项目，因为图像是位图，在舞台上的位置不会更改，这将极大改进播放性能。

四、创建按钮元件

实际上，按钮元件是一种特殊的四帧交互式影片剪辑。当在创建元件时选择按钮类型时，Animate 会创建一个包含四帧的时间轴。前三帧显示按钮的三种可能状态：弹起、指针经过和按下；第四帧定义按钮的活动区域。按钮元件的时间轴实际播放时不像普通时间轴那样以线性方式播放，它是通过跳至相应的帧来响应鼠标指针的动作。

按钮元件时间轴上的每一帧都有其特定的功能：第一帧是弹起状态，代表指针没有经过按钮时该按钮的状态；第二帧是指针经过状态，代表指针滑过按钮时该按钮的外观；第三帧是按下状态，代表单击按钮时该按钮的外观；第四帧是点击状态，定义响应鼠标单击的物理区域。只要在 Animate Player 中播放 SWF，此区域便不可见。

第五节　Animate 中特殊的运动形式

一、运动引导层动画的创建

在前面章节里，我们已经学习了一些基本动画效果，可以完成一些基础动画特效。在动画片中还有很多复杂的运动，如蝴蝶在花丛中飞舞、汽车在弯曲的公路上奔跑等。如果运动补间动画和形状补间动画中都无法完成对运动轨迹的捕捉，此时就必须使用运动引导层动画。

在此要说明的是，运动引导层动画是一种特殊的运动补间动画，因此制作运动引导层动画必须遵循运动补间动画的规范。

运动引导层可以绘制路径，补间实例、组或文本块可以沿着这些路径运动。用户可以将多个层链接到一个运动引导层，使多个对象沿同一条路径运动，此时，链接到运动引导层的常规层就成为引导层。把物体运动的开始帧放到引导线的一端，结束帧放到引导线的另一端，这样才能让引导线根据自身的形状来限制物体的移动。

在如图3-30所示的动画中，作者采用了一个俯视镜头，来表现男主人公驾车过弯道时"漂移"的情景。

在这部动画中，作者使用了相当多的轨迹线特效。其中的汽车"漂移"镜头就是采用引导线运动来完成的。我们将用这个实例来详细介绍整个制作过程。这个"漂移镜头"中除了轨迹线运动之外，还加入了相当多的特效，如汽车扬起的烟尘、漂移所造成的划痕等。

如图3-31所示为男主人公驾车的全动态路径。其中贯穿画面的蓝色线条就是这个实例中所用到的轨迹线。

图3-30　动画过程图1

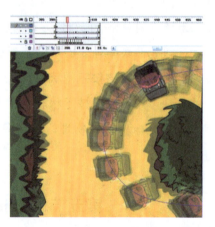

图3-31　动画过程图2

（1）创建引导层和被引导层。一个最基本的"引导路径动画"由两个图层组成，上面一层是"引导层"，下面一层是"被引导层"。在普通图层上单击时间轴面板中的"添加运动引导层"按钮，该图层的上面就会添加一个引导层，同时该普通图层缩进成为"被引导层"。然后在运动引导层中添加轨迹线，如图3-32所示。

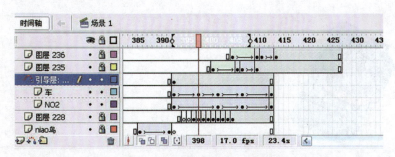

图 3-32　动画层分解图

（2）引导层和被引导层中的对象。引导层是用来指示元件运行路径的，所以引导层中的内容可以是用钢笔、铅笔以及椭圆工具、矩形工具等绘制出的线段。这里需要注意的是，只有运动轨迹线层里的线才是轨迹线，其他普通图层中的线是不可能成为轨迹线的，如图 3-33、图 3-34 所示。

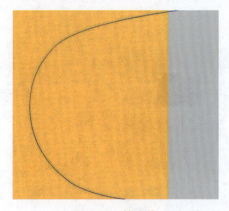

图 3-33　轨迹线

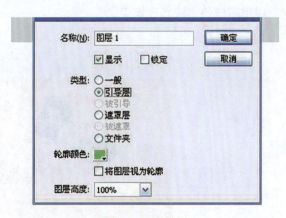

图 3-34　引导层

被引导层中的对象是跟着引导线走的，可以使用影片剪辑、图形、按钮、文字等，但不能应用形状。由于引导线是一种运动补间动画，所以被引导层中的动画形式也是运动补间动画。当播放动画时，一个或数个元件将沿着运动路径移动。用户也可以通过双击图层小色块并选择图层的相应属性来建立引导层。

（3）在这个实例当中，这条引导线引导了两个物体，一个是人和车，另一个是汽车开动时扬起的烟尘。这两个物体同时跟着引导线运动，所以，我们还需要再建立一个被引导层，专门用来放置烟尘，如图 3-35、图 3-36 所示。

图 3-35 男主人公和他的车

图 3-36 汽车扬起的烟尘

用运动补间的方法生成动画后，可能会觉得运动着的汽车根本没有漂移的感觉，汽车始终朝向一个方向，此时可分别在动画中根据进度设置四个关键帧，并用任意变形工具调节汽车的方向，如图 3-37 所示。完成之后再检查动画效果，直到满意为止，然后用同样的方法修改烟尘。

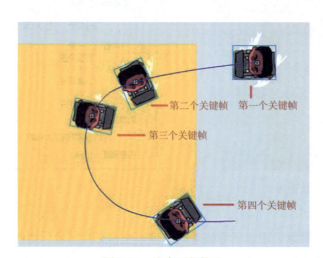

图 3-37 汽车运行轨迹

最后，别忘了汽车漂移运动时在地面留下的划痕，一帧帧地根据运行轨迹来画就可以，如图 3-38 所示。

这段逐帧动画共用了九帧，再加上一些场景细节，整个镜头就完成了，如图3-39、图 3-40 所示。

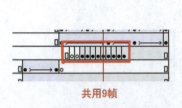

共用9帧

图 3-39　制作逐帧动画　　　　　图 3-39　汽车漂移留下的划痕

图 3-40　添加场景细节——山坡和小树

　　（4）被引导层中的对象在被引导运动时，还可做更细致的设置，如运动方向。在属性面板上，选中路径调整复选框，对象的基线就会调整到运动路径。如果选中"对齐"复选框，不仅可以制作汽车的漂移动作，还可以制作适应路径的引导效果，如图3-41、图3-42 所示。在制作引导路径动画时，按下工具箱中的捕捉按钮，可以使"对象附着于引导线"的操作更容易成功，拖动对象时，对象的中心会自动吸附到路径端点上。

图 3-41　调整路径方向

图 3-42　动画过程分解图

可能有人会觉得引导线出现在动画片中会破坏画面。这里需要指出的是，Animate 中引导层中的内容在播放时是不可见的，引导线只起作用而不会显示。引导线还可以用来制作圆周运动。但是在 Animate 中，引导线运动必须有一个起点、一个终点，但是圆既没有起点也没有终点，所以必须制造一个起点、一个终点。先画一个圆形，再用橡皮擦工具擦去一小段，制造两个端点，再把对象的起点、终点分别对准端点，并调整到路径即可，如图 3-43 所示。引导线允许重叠，但必须使重叠处的线段保持圆滑，让 Animate 能辨认线段走向，否则会使引导失败。

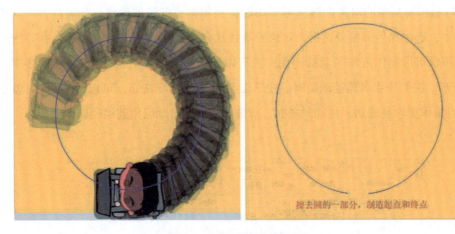

擦去圆的一部分，制造起点和终点

图 3-43　做圆周运动的汽车

二、遮罩效果的创建

遮罩效果是 Animate 中的重要功能。遮罩的概念有点像 Photoshop 里面的蒙版，但从功能上来说，Animate 中的遮罩功能要更完善，因为它具备动态效果，巧妙利用遮罩能制作许多特效。

要产生遮罩效果，至少要有两层：遮罩层与被遮罩层。上层覆盖下层，上一层决定看到的形状，下一层决定看到的内容。

(一)简单的遮罩案例

在 Animate 中新建动画文件，在第一层中画一个圆形并填色，为此层取名为图形层。在图形层上新建一层并输入文字，尽量用粗体，这样效果更明显一些，为此层取名为文字层。和填充或笔触不同，遮罩像是个窗口，透过遮罩可以看到位于它下面的被遮罩层区域，但除了透过遮罩项目显示的内容之外，其余的内容都被遮罩层的非填充区域隐藏起来了。一个遮罩层只能包含一个遮罩项目。按钮内部不能有遮罩层，也不能将一个遮罩应用于另一个遮罩，如图 3-44 所示。

图 3-44　遮罩效果 1

Animate 会忽略遮罩层中的位图、渐变色、透明、颜色和线条样式。在遮罩中的任何填充区域都是完全透明的，而任何非填充区域都是不透明的。

要创建动态效果，可以让遮罩层动起来。对于用作遮罩的填充形状，可以使用补间形状；对于文字对象、图形实例或影片剪辑，则可以使用补间动画。当使用影片剪辑作为遮罩时，可以让遮罩沿着运动路径来运动。

如果遮罩层与被遮罩层同时被锁定，遮罩效果可以在工作区域内预览。设置遮罩时，将鼠标放在上面的文字层上并右击，在出现的上下文菜单中选择"遮罩层"命令，下面的图形层将自动转化成被遮罩层，如图 3-45 所示。

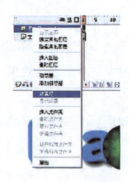

图 3-45　遮罩效果 2

(二) 以运动补间加遮罩制作慢镜头

如图 3-46 所示的这部短片中多处出现具有 3D 效果的画面，其实是通过 Animate 中的运动与形状变化加遮罩层效果来完成的，而不是逐帧动画。我们使用这种方法可以快速地在 Animate 里制作出 3D 特效，不过只适用于简单的形状图片，如果图形太复杂，这种方法的用处不大。

图 3-46　学生作业《大头旺》(作者：金宽)

转头时，其实可以看做五官在脸部空间里做位移。如果把脸部看做一个圆形空间，身体看做一个锥形的空间，转身时，手臂和衣服在画面空间里做位移。

(1) 先要把要做动画的部分分层。将左耳朵、右耳朵、头发、五官、脸分别转换成元件并放置到新的图层里。

(2) 制作五官的位移效果时，将眉毛、眼睛、胡子进行组合，并转换成元件，让它从右到左移动，如图 3-47 所示。

(3) 在五官层上建立遮罩层，把人物的脸复制到遮罩层，让五官只显示在人脸的遮罩层内，这样就能解决五官可能移出人脸范围的问题。人物的五官位移效果做好了，再来做耳朵和头发的位移效果。

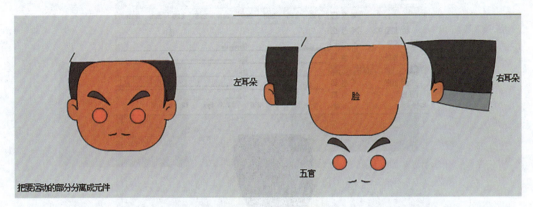

图 3-47　分离元件

在 Animate 动画制作过程中，尤其是一些复杂的角色、场景动画，往往会涉及非常多的图层。在这个实例当中，使用的图层就达到几十个，所以图层的命名就显得非常重要，清晰的名称可以帮助我们快速找到所需要的图层，如图 3-48 所示。

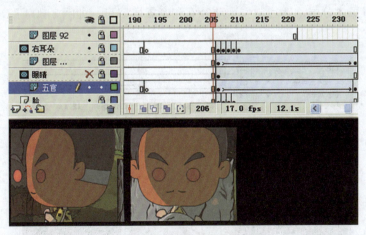

图 3-48　正确命名图层

（4）从简单的动画入手，先制作左耳朵从左到右移动的运动补间动画。此时可以发现耳朵移到脸上了，但本来应该要让它消失的，所以此时用到和五官制作的方法，设置遮罩层，让耳朵只在脸部之外显示，如图 3-49 所示。

（5）让右耳朵加后脑一起做从右到左的运动，且只在人脸的遮罩层内显示。

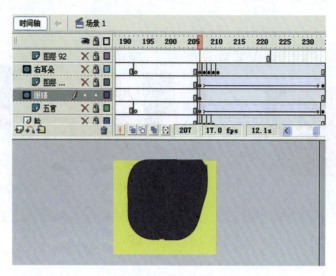

图 3-49　设置遮罩层

　　这样，具有 3D 特效的慢镜头转头效果就制作出来了，只要理解遮罩层的原理就可以轻松完成该特效。头转过来了，身体也要跟着转。制作方法和头部转动的操作基本一样——将身体分层，然后制作运动补间和遮罩层即可，如图 3-50 所示。

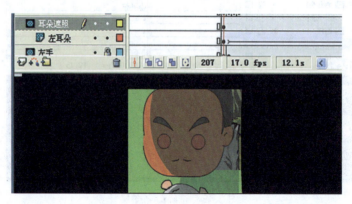

图 3-50　完成效果

(三) 用形状运动来制作转动的镜头效果

　　观察车轮的转动动画，我们可以发现画面中只是轮胎在做转动，只要制作出后轮胎的转动动画，前轮胎可以复制同样的动画效果，如图 3-51 所示。

图 3-51　车轮运动

（1）将车分层。我们用到的是轮 1、轮 2 和车身这 3 个元件，如图 3-52 所示。

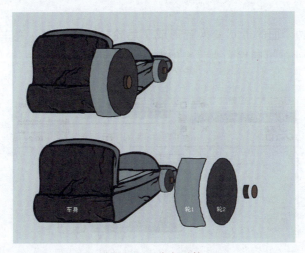

图 3-52　分离元件

（2）然后先做轮 1 的形状变换，通过变形工具将它由弯变直，并做从左到右的移动，如图 3-53 所示。

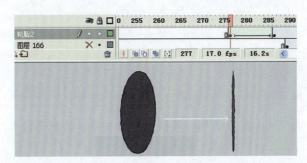

图 3-53　使用变形工具 1

（3）对轮 2 做相同的形状变换，再通过变形工具进行压缩变形，如图 3-54 所示。

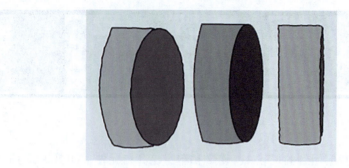

图 3-54　使用变形工具 2

（4）这样利用两个面的形状变换就形成了后轮转动的效果，汽车轮胎旁边的滚轴和前轮胎的转动动画都是同样的方式制作出来的，如图 3-55 所示。

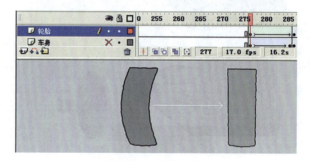

图 3-55　形成转动效果

（5）轮子都制作完成后，再用变形工具对车身进行压缩，车体的动画就制作完成了。这种方法适用于制作正方体、圆柱体等形状的物体的转动动画，极大地提高了制作效率。

思考与
练习

一、讨论与思考

能否制作兼具轨迹线运动与遮罩的动画？如果可以，应该怎么做？

二、作业与练习

1. 使用轨迹线运动，制作粉笔在黑板上写字的轨迹。

2. 使用遮罩，制作"个人网站"文字动画。

3. 使用运动补间动画或形状补间动画制作文字动画。

第四章 Animate 角色动画制作

第一节 逐帧动画

在 Animate 中，许多动画不能依靠电脑自动补间生成的方式来完成，如人的运动（走跑跳）、身体的旋转或脸部表情变化等，而要用逐帧动画来达成效果，如图 4-1、图 4-2 所示。

图 4-1　自动补间（作者：俞冶洁）

在逐帧动画中，需要将每个帧都定义为关键帧，然后给每个帧创建不同的图像。每个新关键帧最初包含的内容和它前面的关键帧是一样的，因此可以递增地修改动画中的帧。

图 4-2　逐帧动画

一、创建逐帧动画

（1）单击图层名称，使之成为活动层，然后在动画开始播放的图层中选择一个帧。

（2）点击"插入"→"时间轴"→"关键帧"，插入关键帧后，在帧序列上创建对象，也可以使用绘画工具绘制、从剪贴板中粘贴图形等方式来导入文件。

（3）依此类推，即可完成整个动画序列。

二、制作逐帧动画时需考虑的因素

通常情况下，在某个时间舞台上仅显示动画序列上的一个帧。为便于定位和编辑逐帧动画，可以通过设置而在舞台上一次查看两个或更多的帧。播放头下面的帧用全彩色显示，但是其余的帧是暗淡的，用户无法编辑。看起来就好像每个帧是画在一张半透明的绘图纸上，并且这些绘图纸是相互层叠在一起的。

在绘制人物原画的时候，要将动画镜头中每一个动作的关键细节及转折部分先设计出来，并根据原画画出中间画，再把中间画一张张地描线并上色，如图 4-3 所示。在此过程中还需要确保所有人物的比例和透视在相对应的场景里显得自然和谐，绘制完成后再导入时间轴中查看人物的动作是否顺畅。

动画中的动作设计其实具有很强的逻辑性，影片中的角色动作必须具有正确的逻辑关系。这里所谓正确的逻辑关系，是指在影片范围内能够被人们理解、认同、接受的因果关系。影片中的世界是人们创造出来的，是假定性的艺术，其中的一切因素都应该具有其合理的逻辑性，否则就不会被人们所理解、接受和认同。

原画　　　　　　　　　　　　　　　　　中间画

图 4-3　绘制原画与中间画

第二节　两足角色运动实例解析

　　在讲解角色运动之前，首先要强调角色的运动规律与角色的设计风格是密切相关的。不同风格的动画，如常见的日式风格与美式风格动画，在处理同一类运动，如跑、跳等，会有不同的处理方式。这是动画创作者必须注意的——在设定角色的形象、风格等方面的同时，已经决定了角色将以什么样的方式来运动。

　　在动画片的角色运动中，表现最多的是人的动作。人的活动会受到人体骨骼、肌肉、关节的限制，并且日常生活中的一些动作因年龄、性别、形体等方面而具有一定差异，但基本规律是相似的，如人的走路、奔跑、跳跃等，动画制作人员掌握了人体动作的基本规律，熟练运用表现人的运动规律的动画技法，就能进一步根据剧情的要求和不同角色的造型特征去创作。

　　对于转身、奔跑等大幅度的运动，往往可以把不动的部分和动的部分分开制作，将它们置于不同的层中，并按照运动规律使用逐帧绘制的方法来完成，如图 4-4 至图4-8 所示。

（完整角色动画）　　（不动的身体）　　（在比画着的手）　　（说话的嘴）

图 4-4　角色动作

图 4-5　角色行走 1

图 4-6　角色行走 2

图 4-7　角色行走 3

图 4-8　角色行走 4

一、行走动作

动画中出现得最多的就是以人为代表的两足角色，人的行走也是动画中最常见的。对于这个动作，观众非常熟悉，因此，只要有一点不符合角色特征或人体的规律，观众就会很快察觉。

从图 4-5、图 4-6 和图 4-7 中三个两足角色行走的动画范例，我们可以看到，虽然同样是侧身行走，但由于角色风格、性别、情绪的不同而呈现较为显著的区别。可以说行走动画是 Animate 动画，乃至其他各种形式动画的一大难点，因为角色基于各种性格、心情的行走步态都是不同的。

人行走的基本规律为：左右脚交替向前，带动人的身体向前运动，为了保持身体的平衡，配合双脚的屈伸、跨步，双臂前后摆动。走路的每一个分解动作形成了不同的姿态与不同的头顶高度。因此，在走路过程中，头顶的高低起伏必然呈波浪形运动线。当迈出步子、双脚着地时，头顶就略低；当一脚着地另一只脚提起朝前弯曲时，头顶就略高。此外，在走路动作过程中，跨步的那条腿，从离地到朝前伸展落地，膝关节必然呈弯曲状，脚踝与地面呈弧形运动线。这条弧形运动线的高低幅度，与角色性别、走路时的情绪等有着很大关系。

当了解了人在行走过程中的复杂动作变化后，还不能说掌握了如何绘制人物走路动作的中间画。因为，在特定情景下，角色的走路动作受环境和情绪的影响而会有所不同，如情绪轻松地行走，心情沉重地踱步，身负重物的慢行以及上下楼梯、爬山越岭等。在表现这些动作时，就需要在把握行走基本规律的同时，与人物姿态、脚步幅度以及运动速度和节奏变化密切结合起来，才能达到预期的效果。

当双脚迈开时，头略低（相当于中间张）；当一脚着地，另一脚提起并朝前屈伸时，头就略高（相当于原画张），介于两者之间的动画可取它们之间的中间高度。迈开步子的那只脚，从离开地面到弯曲向前，然后伸展落地的过程中，膝关节自然呈弯曲状，脚踝与地面之间也形成弧形运动线。

二、转身动作

在二维动画里，角色转身也是表现的难点，需要根据计算好的时间来绘制，不可能依靠 Animate 动画补间自动生成，如图 4-9 所示。

在 Animate 中制作角色动作时，一般把要表现的角色分层，包括头部、五官、手脚、身体等，新建图层后拖动到需要的位置。但在这个实例当中，作者把所有的运动都在一个图层中完成，如图 4-10 所示。

通过真人表演动作做参考是动画制作过程中比较重要的环节，它能让动画师在表演的过程中更好地体验动作的动态规律和身体的形态，从而让整个动作效果显得更合理、更自然。

如图 4-11、图 4-12 所示的动画中，作者在人物设定上采用了写实风格。对于这类卡通角色的运动表现，难度比较大，作者使用了 10 个关键帧来逐帧描绘角色的整个动作。

图 4-9　角色转身

图 4-10　课堂作业(作者：祝晓钦)

图 4-11　《行雨》中通过"摩片"手段创作的逐帧动画镜头 1

图 4-12　《行雨》中通过"摩片"手段创作的逐帧动画镜头 2

　　如图 4-13 所示的这个镜头参考了传统电影的拍摄手法，用轨道推动摄影器材模拟动态视觉效果，再用拍摄下来的视频的关键镜头作为参照来绘制原画。这个镜头因为视角比较特殊，雨伞飞出的形态很难掌握，所以以真人拍摄的动作画面作为参考，这样能让动画显得更自然。

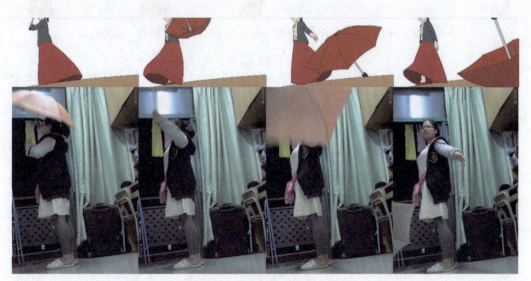

图 4-13　原稿与真人表演的摩片对比（作者：高思远）

　　如图 4-14 所示的动画片中有很多逐帧二维爆炸效果，为了让镜头更具张力，让爆炸显得更生动，作者参考了很多影视片里面的爆炸效果镜头。

图 4-14 《被单骑士》中打斗逐帧动画镜头（动作设计：鲍懋、张凯鹏）

作者先在纸上画原画，再用彩色铅笔画上阴影。这是最难的部分，因为把握不好爆炸后散开的效果，所以可能会反复修改。作者将每个部分动画分开绘制，完成后再整体上色，最后导入软件中润色，如图 4-15 所示。

图 4-15 《被单骑士》中特效逐帧动画镜头（动作设计：鲍懋、张凯鹏）

如图 4-16 所示的镜头描绘的是男孩在妈妈身后偷走扫帚的画面。其中有细微的角色运动动画，并采用了变焦的处理方式。镜头起始聚焦在妈妈身上，让观众首先接受妈妈的存在，然后随着男孩的悄悄潜入，镜头聚焦到男孩的身上，实现了将观众的视觉焦点由妈妈向男孩的自然转换，但也不会磨灭妈妈在观众心中的位置，反而营造出观众替男孩担忧的紧张心理。该镜头通过对比来突出叙事重点，光线上前暗后明，以表现室内与室外的光线差异营造紧张感，并在门口用亮光和门框突出了男孩的进入和他的动作。

如图 4-17 所示的镜头，由男孩的背面旋转至正面，达到 180°的跨越，不管从场景的绘制，还是原画和动画的绘制上都极具挑战性。其中最大的难题是如何在室内这样一个狭小的地方完成镜头调度来表现场景的变化。因为存在场地局限性，四周是方方正正的墙面，不像室外开阔的空景，通过绘制一幅长于普通镜头的画面就能较高质量地达到效果。为此，作者运用后期合成软件 Nuke，将绘制好的镜头场景投射到虚拟的三维空间中进行制作合成，工作量较大，但镜头效果表现较好。

图 4-16　《被单骑士》中偷扫帚的逐帧动画镜头（动作设计：范祖荣）

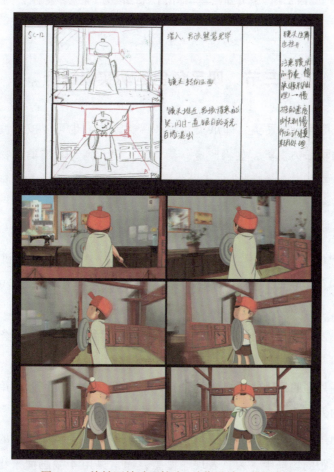

图 4-17　旋转逐帧动画镜头（动作设计：范祖荣）

头abc123

在如图 4-18 所示的实例中，角色的转身动作由于在中间过渡帧中添加了运动模糊效果，进一步加强了角色动态，整个运动过程使用了 7 帧，其中真正关涉转身的有 5 帧。

图 4-18　转身动作——使用了"运动模糊"来弥补缺帧

第三节　四足角色运动实例解析

四足动物一般可分为两类，即爪类动物和蹄类动物；也可以按食性分为肉食类和草食类。爪类动物即肉食类，如狮、虎、豹、狼、猫、狗等。蹄类动物即食草类，如马、牛、羊、鹿等。肉食类动物（爪类动物）一般性情勇猛，跑动有力且富有弹性。蹄类动物性情比较温顺，有坚硬的脚蹄，善于奔跑、跳跃。

四足动物奔跑或跳跃的基本规律为：①在奔跑的过程中，身体的伸展与收缩比较明显；②在快速奔跑过程中，四脚呈腾空的跳跃状；③在运动的过程中，身体的起伏较大；④跑得越快时，前后双腿同时呈屈伸状态。四足动物跑步的速度比较快，一般情况下跑一个循环大概 12 帧，我们可以设计 6~7 张画面（一拍二）；⑤四足动物奔跑的时候，身体成弧形状运动，头部要有高低起伏，尾巴要随着身体的变化而变化。

这些是动画片中四足动物的基本运动规律。除此之外，还可以运用拟人化的表现方法，让动物和人一样，直立起来，并设计各种表情、动作和姿态。

在表现动物角色的动作时，根据场景和镜头长度的不同，所使用的动画画面的数量也不同。在奔跑的场景中，为了表现速度感，通常只用 4 幅画面来组成动画。但在动物行走动画中，因为速度较慢，如果关键帧用得比较少就会出现跳帧的情况，所以，作者在这个循环动作中，使用了 6 个关键帧来描绘运动过程，如图 4-19、图 4-20 和图

4-21 所示。

在这 6 幅画面中，整体来看，四足动物都是三条腿着地，一条腿腾空，具体可分为：①只有左前腿一条腿腾空时的状态；②左前腿着地，左后腿在空中；③左后腿先着地，右前腿开始腾空；④继续前面的状态，右前腿高抬；⑤右前腿着地，右后腿高抬；⑥右前腿慢慢放下，再循环第一帧的内容。

图 4-19　鹿的行走轨迹动作练习（作者：高雷）

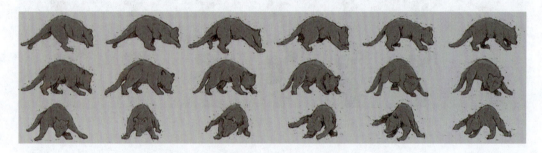

图 4-20　四足动物的行走轨迹 1（作者：高雷）

图 4-21　四足动物的行走轨迹 2（作者：高雷）

当然，在动画制作过程中，经常会遇到一些难以归类的动作，如鸟的飞行、植物生长等，往往都要根据具体情况来具体对待，如图 4-22、图 4-23 所示。

图 4-22　鸟类的飞行轨迹(作者：高雷)

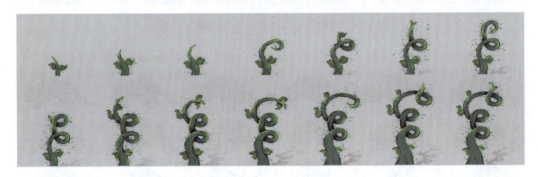

图 4-23　植物生长(作者：高雷)

第四节　反向骨骼运动功能及其应用

反向运动(IK)是一种使用骨骼的有关节结构对一个对象或彼此相关的一组对象进行动画处理的方法。使用骨骼后，元件实例和形状对象可以按复杂而自然的方式移动，只需做很少的设计工作。例如，通过反向运动可以更轻松地创建人物动画，如胳膊、腿的动作以及面部表情，还可以向单独的元件实例或单个形状的内部添加骨骼。在一个骨骼移动时，与其相关的连接骨骼也会移动。使用反向运动进行动画处理时，用户只需指定对象的开始位置和结束位置，就可以轻松地创建自然的运动动画。

骨骼链称为骨架，如图 4-24 所示。在父子层次结构中，骨架中的骨骼彼此相连。骨架可以是线性的或分支的。源于同一骨骼的骨架分支称为同级。骨骼之间的连接点称为关节。

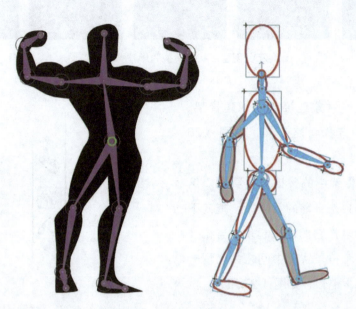

图 4-24　骨架

　　在 Animate 中，用户可以用两种方式来使用 IK：第一种方式是通过添加将每个实例与其他实例连接在一起的骨骼，用关节连接一系列的元件实例。骨骼允许元件实例链一起移动，从而形成一组影片剪辑，其中的每个影片剪辑都表示人体的不同部分。例如，通过将躯干、上臂、下臂和手连接在一起，可以创建逼真的移动动画，还可以创建一个分支骨架以将两条胳膊、两条腿和头包含在内。使用 IK 的第二种方式是向形状对象的内部添加骨架，可以在合并绘制模式或对象绘制模式中创建形状。通过骨骼，用户可以移动形状的各个部分并对其进行动画处理，而无须绘制形状的不同动态画面或创建补间形状。例如，向简单的蛇的图形添加骨架，可以逼真地呈现移动和弯曲动画。

　　Animate 会将实例或形状以及关联的骨架移动到时间轴中的新图层，此新图层称为姿势图层。每个姿势图层只能包含一个骨架及其关联的实例或形状。

　　用户可以使用骨骼工具来创建影片剪辑的骨架或向量形状的骨架。

　　（1）创建一个 Animate 文档，并选择 Actionscript 3.0（简称 AS 3.0）。骨骼工具只能和 AS 3.0 文档配合使用。

　　（2）在舞台上绘制一个对象。为了方便制作，使用矩形工具创建基本形状后，将它转换成影片剪辑或图形，如图 4-25 所示。

图 4-25　创建形状并转换为影片剪辑或图形

（3）把这些对象连接起来创建骨架。在工具面板中选择骨骼工具，如图 4-26 所示。

（4）确定骨架中的父根符号实例。这个符号实例将会是骨骼的第一段，拖向下一个符号实例来把它们连接起来。当松开鼠标时，在两个符号实例中间将会出现一条实线来表示骨骼段，如图 4-27 所示。

图 4-26　骨骼工具

图 4-27　连接骨骼 1

（5）重复这个过程，将第二个符号实例和第三个实例连接起来，直到将所有的符号实例都用骨骼连接起来，如图 4-28 所示。

图 4-28　连接骨骼 2

（6）接下来在工具面板上选择选取工具，并拖动链条中的最后一节骨骼。通过在舞台上拖动它，整个骨架就能够实时控制了。

（7）将骨架应用于形状，也可以使用骨骼工具在整个向量形状内部创建一个骨架——通常使用这项技术来为动物角色创建摇尾巴的动画，如图 4-29 所示。

（8）选择骨骼工具后，从尾巴的底部开始，在形状内部点击并向上拖曳，以创建根骨骼。在向形状中绘制第一根骨骼的时候，Animate 会将它转换为一个 IK 形状对象，如图 4-30 所示。

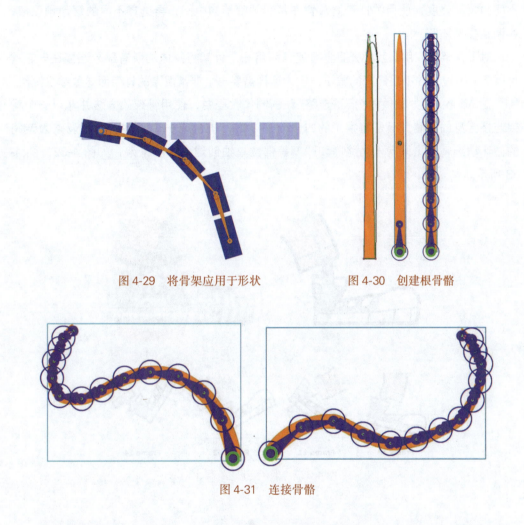

图 4-29　将骨架应用于形状　　　　　图 4-30　创建根骨骼

图 4-31　连接骨骼

（9）继续向上一个接一个地创建骨骼，让它们之间可以头尾相连，并将骨骼间的距离逐渐变短，越到尾部，关节会越多，以创建出更切合实际的动作，如图 4-31 所示。

（10）使用选取工具，拖动位于链条顶端的最后一根骨骼在尾部的最根部。非常笔直的尾巴看起来并不自然，因此要把骨架放置成类似 S 形。为了让尾部摆动更加真实，需要给尾巴加上辅助动作。尾巴的摇动是从根部通过根骨骼发起的，尾巴的尾端只是对根骨骼起到延迟的反作用。创建动画时，把帧指示器放在第一帧之后，即初始位置后的帧，并操纵骨架让尾巴朝着根骨骼相反的方向弯曲。播放动画后会发现，尾巴上的关节越多，在添加了辅助动作后就显得越自然。现在进一步加上缓动，否则，摇尾巴的动画会看起来很机械。在此过程中可以应用不同类型的缓动，并给每个动作设置不同的缓动强度，使用帧指示器放置在每组关键帧的中间，再选择不同的缓动预设值，并调整强度即可。

对于骨架的应用，我们凭直觉可能认为用一个骨架将身体的所有部分连接在一起就可以了。不过这并不是最好的方法，因为这样需要一个非常复杂的骨架而导致难以操作。

在 Adobe 官方提供的"猴子走路"动画制作教程中，使用骨架的方法并非以一个骨架连接全身的骨骼，而是将猴子的四肢分开设置，拼合成一个整体后，再调整为走路的循环动画，即更倾向于为胳膊和腿部等部位单独创建更小的骨架，如图4-32、图4-33所示。

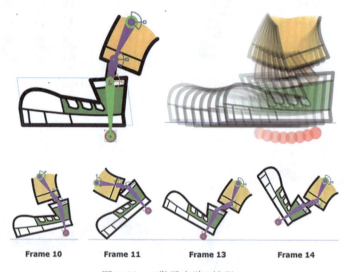

图 4-32 "猴子走路"教程 1

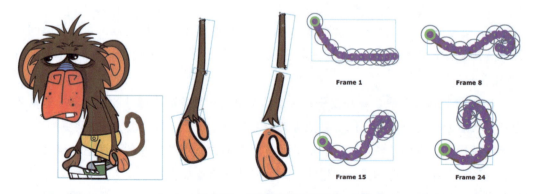

图 4-33 "猴子走路"教程 2

Animate 新增的骨骼功能在很多时候可以起到很好的辅助作用，但初学者不能因此而产生过度依赖心理，因为二维动画的骨骼系统至今没有完善。

第五节　"现代绑定"工具的使用

反向骨骼工具，自从在 Flash cs4 系列中被推出以后，一直被视为实用性不强的，其本意是为了便于用户更好地制作动画，但是因为操作不够方便和使用对象的限制，导致它处于新手不会用、老手不想用的尴尬境地。随着 Animate 系列的推出，新增了资源变形工具，可以直接对位图进行变形，这绝对一个很大的功能改进，但在实际使用时，仍然像是实验功能，实际应用并不多。

Animate 2022 发布后，将骨骼工具和资源变形工具进行了组合，变成了现代绑定工具，并且骨骼工具也不是仅能用于影片剪辑，还可以用在形状、按钮、图形元件上。如果大家熟悉 After Effects 这个软件，就会理解现代绑定工具源自 After Effects 中的 Diuk 角色骨骼系统插件。在此简单讲解现代绑定工具的使用方法。

一、创建索具

(1) 必须在舞台上为绑定选择形状或位图，当"工具"面板中的"资源变形"工具在图像中突出显示时，可用于绑定，如图 4-34 所示。

图 4-34　"资源变形"工具

（2）在"资源变形"工具中，单击形状或位图中的某部分以添加第一个关节。请注意，它会创建三角化网格并在单击的位置添加一个关节，如图 4-35 所示。

图 4-35　创建三角化网格并添加关节

（3）接下来单击"添加关节"，并在之前选择的关节和新添加的关节间添加骨骼。在选择"资源变形"工具后，可参阅属性检查器的"工具"选项卡中的"变形"选项部分。此处的"创建骨骼"选项在默认情况下处于启用状态，可确保将骨骼添加到之前选定的关节和新关节之间。如果禁用"创建骨骼"或未选择任何关节，则新添加的关节不会添加任何骨骼，如图 4-36 所示。

（4）在添加任何新关节之前，应确保选择了一个适当的关节，以便添加骨骼并连接到新关节，然后通过添加所有必需的骨骼来完成索具，如图 4-37 所示。

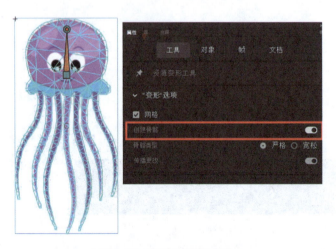

图 4-36　查看"变形"选项　　　　图 4-37　连接新关节

二、修改索具和补间

(一) 变形

使用"资源变形"工具后，拖动关节可用于改变网格形状。此外，还可以单击并拖动骨骼来使之变形。拖动骨骼时，骨骼大小不会像拖动关节时那样发生变化。

(二) 使用关键帧

时间轴中的关键帧可用于创建不同的姿势。使用"关节/骨骼"工具添加新的关键帧和变形后，每个关键帧都将保留其自身的姿势。创建姿势后，也可以应用其他变换效果，如移动对象、缩放、旋转等，如图 4-38 所示。

图 4-38　"编辑多个帧"模式

(三) 用于插值的传统补间

在创建姿势后，可在帧范围内创建传统补间，以根据在关键帧上的姿势完成平滑的动画，如图 4-39 所示。

三、增强功能

(一) 柔化骨骼

默认情况下，所有骨骼都是硬骨骼，柔化骨骼功能可使基础关节能流畅地弯曲。

此时应从属性检查器的"对象"→"变形"选项中选择"骨骼",并切换"骨骼类型"属性,使其成为柔化骨骼,如图 4-40 所示。

(二)冻结关节

绑定还有一个更为实用的功能是"冻结关节"。移动索具中的某些部分时,任何冻结的关节都不会移动。此时应在属性检查器的"对象"→"变形"选项中选择"冻结关节"属性,如图 4-41 所示。

图 4-39　创建传统补间

  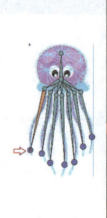 

图 4-40　柔化骨骼　　　　　　　图 4-41　冻结关节

四、其他功能

(一) 旋转骨骼

有两种方法可以旋转骨骼，而无须更改其大小：一是选择骨骼后拖动并旋转；二是选择骨骼 (或骨骼末端的关节) 后，使用属性检查器中"对象"→"变形"选项→"旋转角度"，精确地更改旋转值，如图 4-42 所示。

(二) 网格密度

在属性检查器的"工具和对象"→"变形"选项中有一个复选框，可以启用/禁用在舞台上显示三角化网格。此外，还可以通过滑块来修改网格密度。网格密度越高，变形越平滑，但在处理多个关键帧时，效率较低。较低的网格密度会降低变形质量，但能获得更好的性能。Animate 会自动计算变形对象的网格密度，以便在质量和性能之间取得平衡，如图 4-43 所示。

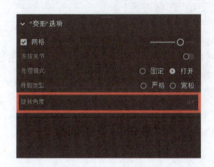 

图 4-42　旋转骨骼　　　　　　　　图 4-43　调节网格密度

(三) 传播更改

只要更改了关节或骨骼的属性 (如冻结关节、软/硬骨骼、开放/固定关节)，Animate 会自动确保在所有关键帧之间传播此更改。在某些情况下，可能不需要该功能。例如，只在特定关键帧上需要软骨骼，而在其他关键帧上需要硬骨骼，此时应注意调整属性检查器的"工具"→"变形"选项→"传播更改"属性，如图 4-44 所示。

(四) 其他操作

(1) 在现有点之间连接骨骼。要在现有关节之间创建骨骼，应先选择骨骼头部的关节，然后按住 Alt/Option 键修改并单击应位于骨骼尾部的另一个关节。

图 4-44　"传播更改"选项

（2）在不更改变形的情况下移动关节。移动任意关节将导致变形，如果在创建变形姿势后，只需更改关节的位置而无需变形，可以在移动关节时按住 Alt/Option 键。

（3）仅移动选定的关节（不移动子关节）。通过双击来选择要移动的关节，再移动此关节不会影响使用骨骼连接到此关节的其他关节，从而暂时禁用顺向运动。

第六节　角色表情动画

制作表情动画和身体运动动画时，可基于共同的原理，往往要将不动的部分与动的部分分层制作。一般来说，脸蛋是不动的，没有必要再分层，而五官则需要将眼、口、耳、鼻等部分分开制作，如图 4-45 至图 4-52 所示。

表情动画应根据角色、造型等方面来规划，制作自然流畅、具有说服力的表情动画需要大量的实践。当然也可以使用其他软件提供的表情动画功能，如 ToonBoomStudio 等，在此就不再一一讲解了。

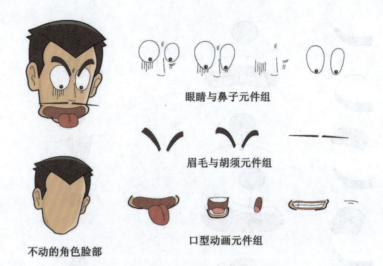

眼睛与鼻子元件组

眉毛与胡须元件组

不动的角色脸部

口型动画元件组

图 4-45　一段惊讶表情动画所包含的元件数

图 4-46　表情分解示意图

图 4-47　眼部表情分解示意图

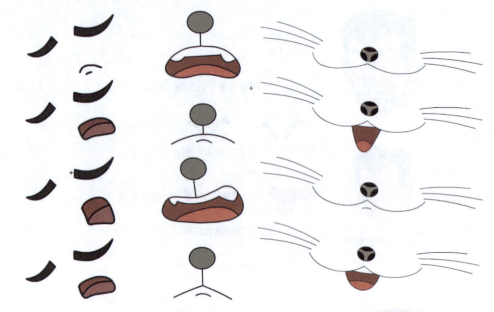

图 4-48   口型动画分解示意图 1

图 4-49   口型动画分解示意图 2

图 4-50   吃惊时的表情配合身体的动作

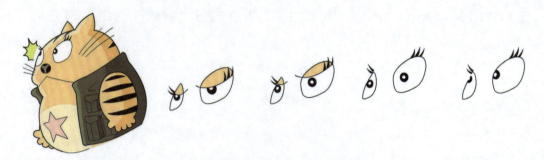

图 4-51 眼部表情变化解析

图 4-52 女孩眼部表情变化解析

第七节 自动口型动画

传统的口型动画制作是比较烦琐的，要根据对话角色的具体台词来设计，不过在 Animate 2023 及以后的版本中，提供了根据语音对话自动对口型的功能，如图 4-53 所示。

图 4-53 自动对口型

口型动画在传统动画制作过程中占有不少的工作量，在非特殊表情案例下，我们现在可以使用 Animate 中的"嘴型同步"工具，有助于提升工作效率，如图 4-54 所示。

图 4-54 嘴型同步

（1）在库中建立"图形"元件，制作角色的口型动画，每一帧对应一个声母，对应的口型可以在弹出框中找到参考。一般会利用嘴型同步工具来批处理关键帧，具体操作步骤为：选中元件，打开相应的"嘴型同步"面板，并将关键帧一一对应，最后点击完成并关闭面板，如图4-55所示。

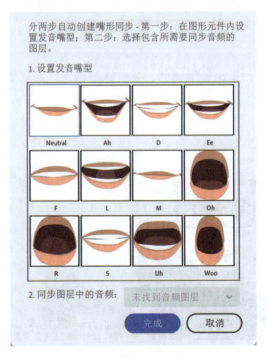

图 4-55 设置口型动画

（2）导入音频到时间轴，调整好节奏后，打开"嘴型同步"面板，它可以自动识别音频所在层，但如果有多个音频层的话，我们就要手动选择对应的内容。

图 4-56　选择对应的音频层

（3）点击完成，软件将自动生成关键帧，嘴型动画就制作完毕，如图 4-56 所示。

一、讨论与思考

1. 对于原画的学习，"摩片"是不是一种好办法？

2. 请说一说动画角色表演与影视真人表演的异同。

二、作业与练习

1. 使用设计好的角色制作两段角色表情动画，分别是笑、说话（内容自选）。

2. 制作 3 个社交媒体"表情包"，要求为同一角色。

第五章　Animate 代码与音效及其他周边资源的应用

本章将对 Animate 代码、音效及周边资源做综述，内容比较琐碎，在教学中不是重点与难点，教师可根据专业与课时安排来灵活调度。因此，在本章中，将尽量避免枯燥的理论讲解，主要以案例来介绍 Animate 动画设计中常用的应用。

第一节　矢量渲染插件 Illustrate

很多动画作品中带有表现三维特效的内容，如果用 Animate 一帧帧绘制是很麻烦的。有些特效能不能用三维软件制作，然后渲染成矢量格式动画呢？当然可以。3DS MAX 的矢量渲染插件 Illustrate 的最新版本中包含了一个完整的 Animate 渲染引擎，提供了很多先进的渲染特点，包括阴影、支持物体交叉等，允许用户以不同的艺术风格渲染 3D 场景，如图 5-1 所示。

安装 Illustrate 插件后，它就成为 3DS MAX 中的一个渲染器，可以将三维场景渲染并输出成二维非真实渲染格式的文件。它除了能输出常用的位图格式文件，还能输出矢量图格式文件，如 ai、swf 格式。

(1) 建立场景。在场景中创建一个茶壶，并给茶壶制作旋转动画，如图 5-2 所示。

(2) 渲染设置。Illustrate 安装好后，在 3DS MAX 的菜单中就会增加一栏 "Illustrate!"，如图 5-3 所示。

图 5-1 Illustrate 渲染插件

图 5-2 创建茶壶并制作旋转动画

图 5-3 安装 Illustrate

第一步，点击"Options"下拉菜单项，会弹出"渲染向导"对话框，通过回答向导提出的问题即可实现渲染的主要设置。选择输出的格式时可选择"Shockwave Flash"，如图 5-4 所示。

第二步，设置输出场景的背景，在此选择了白色背景。

第三步，选择渲染的风格与渲染的部位，这里选择"Cartoon"风格和渲染边线"Lines"部分，如图 5-5 所示。

第四步，设置输出文件的位置、窗口大小等，也可以在渲染的时候设置。

最后一步，点击"Finish"按钮。到这一步就基本完成了渲染前的准备工作，此时如果要进行细节上的修改，就要进入 Illustrate 窗口再操作了。点击"Finish"按钮或"Skip Wizard"按钮后就会弹出 Illustrate 窗口，在此可以具体地设置渲染风格，如选择"Cartoon"风格，如图 5-6 所示。

（3）渲染场景。按向导设置完成后，再点击"Render"菜单项，此时渲染器已经改成了"Illustrate"，"Renderer"面板中的项目也已经设置好了。点"Render"按钮开始工作，渲染后的动画如图 5-7 所示。

图 5-4　选择输出格式

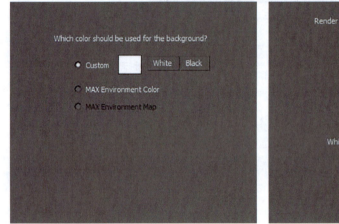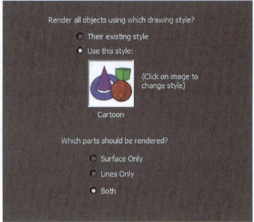

图 5-5　设置输出场景

　　如图 5-8、图 5-9 所示的案例使用的是多边形的三维模型，总面数仅为 1690 个三角形。如使用默认渲染器，该场景会因面数过少而不能制作动画，使用 Illustrate 渲染器则能顺利地渲染卡通效果。该渲染器非常适用于制作二维与三维结合的动画场景。

　　如图 5-10、图 5-11 所示的寺庙大殿使用的多边形的总面数仅为 11091 个三角形。通过 Illustrate 渲染器渲染卡通效果与后期特效滤镜的配合，可以营造出气势恢宏的场面。

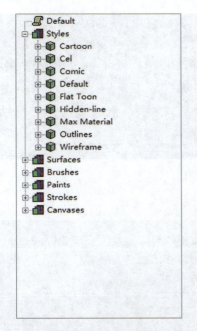

图 5-6　设置渲染风格

图 5-7　完成渲染

图 5-8　渲染城门楼 1

图 5-9　渲染城门楼 2

图 5-10   渲染寺庙大殿 1

图 5-11   渲染寺庙大殿 2

第二节   音频编辑软件 GoldWave

音频编辑工作在音乐后期合成、多媒体音效制作、视频声音处理等方面发挥着巨大的作用，它是获取声音素材的最主要途径，对声音质量具有直接、显著的影响。其中，录音对于动画导演来说是非常重要的。在此要介绍的是操作简单、功能实用的中文音频编辑软件 GoldWave。

（1）安装完成后运行 Goldwave，就可以看到软件的主界面，如图 5-12 所示。

（2）点击左上角的"新建"按钮来新建音频文件，会出现"新建声音"对话框，如图 5-13所示。

（3）设置新建音频文件的参数，如取样比率、长度等，可根据所需录音时间来设定，最后点击确定，如图 5-14 所示。

（4）此时会出现一个空白音频文件的波形图，准备好麦克风，按住 Ctrl 键并点击设备控制器上面的红色圆点按钮即可开始录音，如图 5-15 所示。

（5）录音完毕之后，点击"效果"→"过滤"→"减少噪音"，也可以使用其他的后期特效工具来增加效果，最后将文件保存为"wav""mp3"等音频格式后退出。

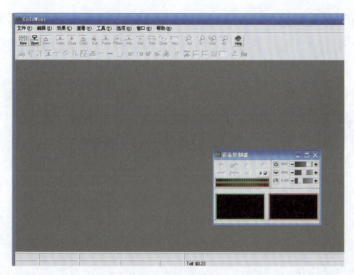

图 5-12　软件主界面　　　　　　　　　　　　　　　图 5-13　新建声音

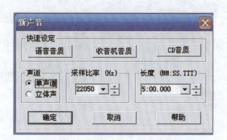

图 5-14　设置音频文件参数

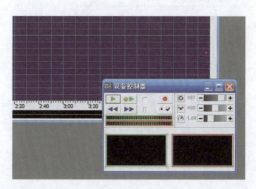

图 5-15　开始录音

第三节 声音的导入与控制

Animate 提供了许多使用声音的方式——可以使声音独立于时间轴而连续播放，也可以让动画与声音同步播放，还可以通过设置淡入淡出效果对声音进行后期剪辑，等等。

Animate 中有两种声音类型：事件声音和音频流。事件声音必须完全下载后才能开始播放，一旦播放则除非明确停止，否则它将一直连续播放。音频流在前几帧下载了足够的数据后就可以开始播放，并且音频流要与时间轴同步，以便在网站上播放。

一、导入声音

点击"文件"→"导入"，在弹出的窗口中找到所需要的声音素材，将声音导入后，就可以在库面板中看到刚导入的声音文件，在动画制作过程中可以像使用库元件一样使用声音对象了，如图 5-16 所示。

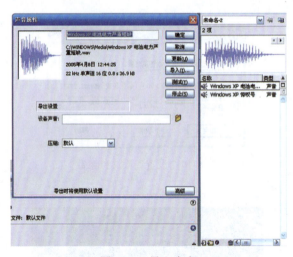

图 5-16 导入声音

二、引用声音

将声音从外部导入 Animate 中后，时间轴并没有发生任何变化，必须引用声音文件，声音对象出现在时间轴上后，才能进一步应用声音。可选择第 1 帧，然后将声音对象拖放到场景中，如图 5-17 所示。这时会发现"声音"图层第 1 帧出现一条短线，这其实就是声音对象的波形起始。再将第 20 帧转换为关键帧后，按下键盘上的回车键，可以听到声音了。如果想听到效果更完整的声音，可以按下快捷键 Ctrl+Enter。

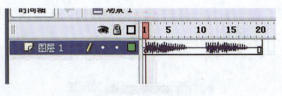

图 5-17　引用声音

三、编辑声音

(一)四项同步属性

声音播放的四项同步属性为事件、开始、停止与数据流，如图 5-18 所示。

图 5-18　声音播放的四项同步属性

（1）事件——"事件"与声音在它的起始关键帧开始显示时播放，并独立于时间轴而播放完整的声音，即使动画停止执行，声音也会继续播放。当播放发布的动画时，"事件"与声音混合在一起。

（2）开始——与"事件"的功能相近，但如果声音正在播放，使用"开始"选项则不会播放新的声音实例。

（3）停止——将指定的声音静音。

（4）数据流——该选项将强制动画和音频流同步。与"事件"声音不同，音频流随着画面的停止而停止，且音频流的播放时间绝对不会超过帧的播放时间。当发布动画时，音频流混合在一起。这是动画短片常用的同步属性。

（二）同步设置与声音效果

（1）在"同步"菜单中可以设置"重复"和"循环"属性。用户输入一个数值后，可指定声音的重复次数，或者选择"循环"以连续、重复地播放声音。

（2）特效的设置。选择包含声音的第一个关键帧，在属性面板中打开效果菜单，可以设置声音的效果，如图 5-19 所示。

图 5-19   声音的效果

（三）编辑功能

如果对菜单中现有的效果不满意，还可以使用声音编辑功能。虽然 Animate 处理声音的功能有限，但可以对声音做一些简单的编辑，实现一些常见的功能，如控制声音的播放音量、改变声音开始播放和停止播放的位置等。

编辑声音文件的具体操作如图 5-20 所示。用户可在弹出的"编辑声音封套"对话框中进一步编辑声音。要改变声音的起始和终止位置，可拖动"声音起点控制轴"和"声音终点控制轴"。在对话框中，白色的小方框为节点，用鼠标上下拖动它们，可改变音量指示线垂直位置，从而调整音量的大小，音量指示线的位置越高，声音越大。用鼠标单击编辑区，在单击处会增加节点，再用鼠标拖动节点到编辑区之外即可，如图 5-21 所示。

图 5-20   编辑功能

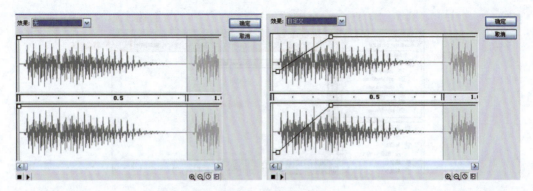

图 5-21　拖动节点

第四节　代码的应用

一、动作面板的介绍

与其他软件或传统手法制作的动画相比，Animate 动画最大的特点在于它的交互性，在于它利用 ActionScript 语言极大地激发了设计者的创造力和想象力，让作品能在网络上游刃有余地传播，尤其在网络技术飞速发展的今天，Animate 脚本编程技术不但使平淡、单向的网页、网站、动画变得绚烂夺目，又因观者能亲身参与而使作品显得更有趣及更人性化。

ActionScript 是 Animate 的脚本语言，它允许用户为 Animate 文档中添加复杂的交互功能、回放控件和数据显示效果。对于网站或游戏来说，在 Animate 动画设计中，AS 编写要求并不高但必不可少，场景连接的流畅性、按钮的应用、互动性的实现等都需要代码。

相较以前的版本，Animate 中"动作"面板的功能得到了扩充，如可以显示脚本中的隐藏字符；可以使用"脚本助手"帮助语法基础差的用户编写代码；可以设置首选项，在处理程序时重新加载修改后的脚本文件，避免旧的脚本文件覆盖新脚本，等等。针对用户的专业程度，它可分成两种模式：脚本助手模式和专家模式。

（一）专家模式

专家模式针对有编程基础的专业人员，可自行编写复杂的代码，如图 5-22 所示。

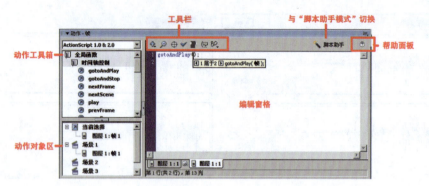

图 5-22 专家模式

动作工具箱中包含所有 AS 动作命令和语法。当动作命令为灰色时，表示不可用。需使用时，双击或拖动所需的动作命令到编辑窗格即可。

动作对象区显示当前添加 AS 代码的对象。如图 5-22 所示的代码即表示：动作代码应用对象为当前场景中图层 1 的第 1 帧。该区域能确保用户查询并管理 Animate 动画中所有添加动作的对象。

编辑窗格是编辑代码的主区域。所有需要的动作命令都在此处被编写为符合语法规范的脚本。

工具栏是动作面板中必不可少的一部分，能协助用户编写脚本，其中包括：

(1) 添加新动作命令到编辑窗格⊕，点击右下角的小三角形，可弹出动作工具箱中所有的动作命令，方便用户使用。

(2) 查找⌕，其功能与操作方法类同于 Word 中的查找工具，点击后将弹出"查找与替换"对话框。

(3) 插入目标路径⊕，将光标放于需要插入目标路径之处，点击该图标，然后在弹出的对话框中选择目标路径即可，如图 5-23 所示。

图 5-23 两种目标路径

表 5-1 展示了影片剪辑间关系：mc1 和 mc3 为根目录下同一级别，mc2 位于 mc1 下一级别。在此以 mc1 为基准来表达相对路径和绝对路径。

表 5-1　　　　　　　　　　　　　　　　两种目标路径

	定　义	书　写　格　式	
相对路径	以当前时间轴为基准，调用或访问附近级别的影片剪辑或变量，将路径简写	_parent 或 ../	mc1 的上一级
		_parent. mc3 或 ../mc3	同一级别的 mc3
		mc1	当前影片剪辑 mc1
		mc1. mc2 或 mc1/mc2	mc1 内的影片剪辑 mc2
绝对路径	从最顶级起点 (主时间轴) 开始调用变量或影片剪辑，从上到下包含了对象或变量所处位置的完整信息	_root 或/	根目录
		_root. mc3 或/mc3	根目录下的 mc3
		_root. mc1 或/mc1	根目录下的 mc1
		_root. mc1. mc2 或/mc1. mc2	mc1 下的 mc2

（4）语法检查 ✓，在编写完所需要的代码后，可以使用该工具来检查脚本程序。若编写正确，则会出现"正确"对话框。若编写有误，则会提醒用户，并且列出错误位置，如图 5-24、图 5-25 所示。

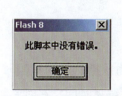

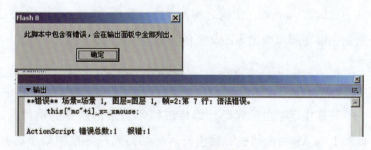

图 5-24　提示"没有错误"　　　　　　　　图 5-25　列出错误位置

（5）自动套用格式 ▤，该工具能将用户编写的代码按规范格式排列。

（6）显示代码提示 🔲，在用户编写过程中，该工具会自动实时检测输入的命令，当该命令语法被辨认出时，系统会在代码后显示出有关该语法的提示信息，用户可以直接引用。

(二)脚本助手模式

切换为脚本助手模式后,由脚本导航器给出提示,帮助用户按照语法规范编写脚本。因此,编程基础相对较弱的用户应用该模式,无须掌握太多 AS 知识也能在 Animate 中实现简单交互性的效果,如图 5-26 所示。

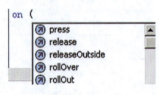

图 5-26　脚本助手模式

点击"动作"面板中的脚本助手按钮,即可切换为该模式。双击所需命令后,右侧编辑窗格上方出现相应的命令编辑区域,用户只需按其提示填入或选择相应参数即可。如果从专家模式切换到脚本助手模式,而编辑窗格中包含 ActionScript 代码时,Animate 将编译现有代码。若代码出错,系统将报错,只有用户修复当前所选代码后,才能使用脚本助手模式。

二、Animate 代码的基本类型

在编写 Animate 代码之前,首先要理解 Animate 代码的三种应用类型,才能有效避免在编写脚本中出现不必要的问题。

(一)添加在帧上的代码

写在指定帧上的代码,即将该帧作为激活命令的事件。当播放指针走到该帧时,此帧上的 AS 命令即被触发执行。例如,用户要控制动画影片的结束时间,在时间轴第 40 帧添加了代码"stop( );",那么当动画播放到第 40 帧时就会停止。

(二)添加在按钮上的代码

按钮上的代码是最常见也是最具有交互性的。例如,在 Animate 动画影片播放时,需要观众自行启动的"播放"按钮或"结束""暂停"按钮等。因此,我们也不难理解,按钮上面的 AS 代码需要触发条件,如鼠标经过、按下或释放等:

release	松开
releaseOutside	在按钮外面松开
press	按下
rollOver	鼠标滑入按钮的感应区
rollOut	鼠标滑出按钮的感应区

按钮 AS 特定格式：on（事件）{要执行的代码}

（三）添加在影片剪辑上的代码

当某个影片剪辑需要被载入，或者需要达成复制、跟随等效果时，用户可对该影片剪辑编写代码。同时，同一个影片剪辑表现在舞台上的不同实例可以有不同的代码，执行过程中互不影响。常用触发事件如下：

load	载入，当 MC 出现的时候执行
unload	卸载，当 MC 卸载的时候执行
enterFrame	MC 在场景中存在的每个帧都要执行一次命令。若存在 40 帧，就执行 40 次
mouseDown	与按钮不同，在窗口任何地方只要按下鼠标都将触发 MC 中的命令
mouseMove	移动鼠标就执行代码
mouseUp	松开鼠标就执行代码

影片剪辑上 AS 的特定格式：onClipEvent（事件）{代码}

（四）三种代码类型的比较

在此以对帧、按钮、影片剪辑编写同一命令"跳转到第 40 帧并播放"来做比较。开始的步骤都一样：

（1）选择指定的帧（按钮、影片剪辑）。

（2）打开"动作"面板，在左侧的"动作工具箱"中选择"全局函数"→"时间轴控制"→"gotoAndPlay（）"，并双击，如图 5-27 所示。

（3）在脚本助手编辑区域，选择"转到并播放"帧：40。

与帧代码类型不同的是最后一个步骤：

第一，在按钮代码类型上，会自动跳出 on（release）{ }，意思为鼠标触发的事件，默认为"释放"，还有"按""滑过""拖过"等选择。

```
on (release) {
    gotoAndPlay (40);
}    //当鼠标从按钮上释放时，影片转到第 40 帧开始播放，如图 5-28 所示。
```

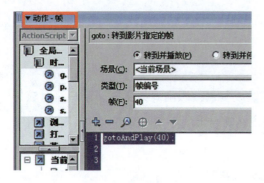

图 5-27　转到指定帧

图 5-28　按钮代码

第二，在影片剪辑代码类型上，则会自动跳出 onClipEvent(load){}，意思为该影片剪辑触发的事件，默认为"加载"，还有"卸载""进入帧""鼠标向下"等选项。

```
onClipEvent (load) {
    gotoAndPlay(40);
}    //当该影片剪辑加载时，影片转到第 40 帧开始播放，如图 5-29 所示。
```

以上介绍的这三种代码添加类型，是最为常见且实用的方式，用户首先需将此三种类型区分清楚，才能正确地使用代码，并且通过这三种代码类型的组合，设计出更丰富的效果。

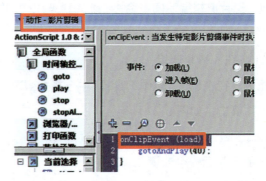

图 5-29　影片剪辑代码

三、Animate 动画中的简单代码

Animate 中的代码非常多，用户通过组合编写可以制作很多效果，在此将常用的代码做简单讲解。

(一)控制场景的常用方法

play( );	//开始播放
stop( );	//停止播放
gotoAndPlay( );	//影片跳转到指定帧，然后继续播放
gotoAndStop( );	//影片跳转到指定帧，并且停止
nextFrame( );	//下一帧
prevFrame( );	//前一帧
Get URL	//跳转至某个超级链接的 URL 地址

(二)控制影片剪辑、声音的方法

Stop All Sounds	//停止所有声音的播放
Load Movie	//装载影片
Unload Movie	//卸载影片
duplicateMovieClip	//复制 MC

(三)控制属性的常用语法

_x	//X 轴坐标
_y	//Y 轴坐标
_xmouse	//鼠标的 x 坐标
_xscale	//MC 的 X 轴缩放度
_ymouse	//鼠标的 y 坐标
_yscale	//MC 的 y 轴缩放度
_alpha	//MC 的透明度
_width	//MC 的宽度
_height	//MC 的高度
_name	//MC 的实例名

_rotation   //MC 旋转的角度 (单位：度)

_visible   //是否可见 (True 可见/False 不可见)

_currentframe   //在 MC 中的当前帧数

_framesloaded   //已载入的帧数

_totalframes   //总帧数

_url   //被调用的 URL 地址

(四) 控制语句的常用语法

(1) if (条件) { 命令 1 } else { 命令 2 }   //符合条件则执行命令 1，不符合条件则执行命令 2。

(2) for (i＝0；i<N；i++) { 命令 }   //设定变量 i 的范围：0<i<N，此时，循环执行命令。

(3) while (条件) { 命令 }   //当条件满足时一直执行命令。

四、按钮互动效果的制作

按钮是 Animate 元件中重要部分，添加了代码的按钮可以响应用户对 Animate 动画影片的操作，达到真正的互动。以下将以案例讲解按钮的制作以及按钮互动效果的实现。

(1) 打开 Animate 自带的公用库，里面有数种按钮可供选择。选择喜欢的按钮并拖动至舞台，即可加入场景，双击便可进入编辑状态，如图 5-30 所示。

图 5-30   使用公用库中的按钮

(2) 自行设计个性按钮。新建一个元件，命名为"开始按钮"，类型设定为按钮元件 (按快捷键 F8)，如图 5-31 所示。进入按钮编辑区，可以发现时间轴上面一共有四个帧：①第 1 帧"弹起"为鼠标未曾接触时或按下弹起后的状态，是存在时间最长的外观；②第 2 帧"指针经过"为鼠标经过按钮时的外观；③第 3 帧"按下"为鼠标单击按钮

图 5-31　设计个性化按钮

时按钮的外观；④第 4 帧的"点击"是按钮的反应区，此帧所有内容在舞台中并不可见，但只有用户触发该隐形区域时，与按钮相关的命令才会被执行。在制作中，用户可适当扩大按钮的反应区，使观众更容易点击到此按钮。

五、预下载条的制作

预下载条是一个缓冲动画，多用"Loading"表示，它表示 Animate 文件在用户观看前下载完内容，以确保播放得平滑流畅，这也是 Animate 动画中重要一部分。由于网络传播的特殊性，且网络速度和 Animate 文档大小直接影响下载的速度，因此我们需要预下载条来显示 Animate 动画实时下载的信息，以使观众了解大概还有多久才能观看到影片，不至于等得急躁。简单 loading 条的最终效果如图 5-32 所示。

图 5-32　下载条

（1）新建一个 Animate 文档，并命名为"loading"，选择默认设置。

（2）按快捷键 F8 新建影片剪辑"下载条"。再新建 2 个图层，一个命名为外框，另一个命名为颜色，如图 5-33 所示。

在"外框"层绘制一个黑色方框，设置宽为 400、高为 25、边框线为 2.5、颜色无。在第 100 帧插入帧，使黑色框在 100 帧内存在。在"颜色"层的第 1 帧处绘制同一大小的色块，第 100 帧处插入关键帧，将色块颜色改为渐变色；回到第 1 帧，用变形工具将色块的右边线拉到左边，使其宽为 0，最后设置"形状"补间，使色块呈现向右边逐渐变宽的动画效果，如图 5-34 至图 5-37 所示。

图 5-33　新建下载条

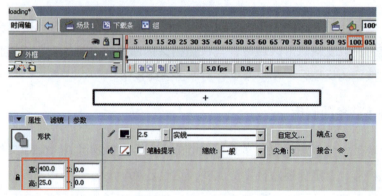

图 5-34　绘制"下载条"1

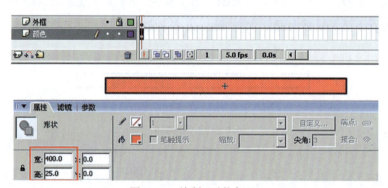

图 5-35　绘制"下载条"2

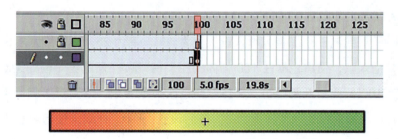

图 5-36　绘制"下载条"3

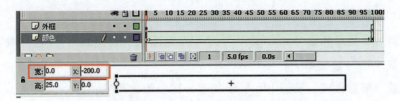

图 5-37　绘制"下载条"4

（3）回到场景 1，将影片剪辑"下载条"拖到舞台中适当的位置，设定实例名为"mc"并修改图层名为"下载条"，如图 5-38 所示。

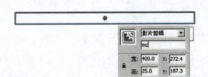

图 5-38　设定实例名

（4）选择文字工具，制作具有实时变化的百分比数字显示。在属性中选择"动态文本"，输入"loading……"设定合适的字体大小和颜色，接着在变量中填入"bfb"（百分比的首写，也可以按个人喜好用其他字母），如图 5-39 所示。

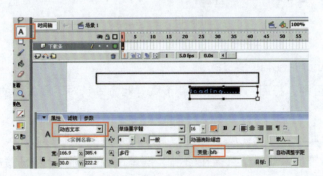

图 5-39　设置动态文本

（5）在第 3 帧处插入帧，添加预下载代码。

步骤一：新建图层"代码"，在第 1 帧插入空白关键帧；

步骤二：在第 2 帧处写入如下代码：

yxz =_root. getBytesLoaded( )；　//设定已经下载的字节数代号为"yxz"

zxz =_root. getBytesTotal( )；　//设定需要下载的总字节数代号为"zxz"

bfb =" loading. . . . . . " +int (yxz/zxz * 100) +" %" ;

//变量 bfb 显示的是"loading. . . . . . "以及后面的下载百分比：（已下载字节数/总下载字节数 * 100）取整数+%

已下载字节数改变，变量 bfb 显示的百分比也随之改变。

mc. gotoAndStop (int (yxz/zxz * 100)) ;

//影片剪辑"下载条"的动画由下载百分比控制，如下载 80％时，"下载条"动画将停留在第 80 帧，如图 5-40 所示。

步骤三：在第 3 帧处写入代码：

if (yxz = =zxz) {

　　gotoAndPlay (4) ;

}　　　　//当已下载字节数等于总需下载字节数时，影片转到第 4 帧播放
　　　　　即开始正式播放下载好的动画影片。

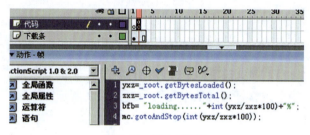

图 5-40　输入代码 1

else { gotoAndPlay (1) ;

}　　　　//否则，将回到第 1 帧重新下载。此命令针对下载失败的情况，如图5-41所示。

步骤四：至此，我们已完成下载条的制作。在第 4 帧处可以加入正式的动画影片，也可以在下一场景加入动画，只需在"代码"层第 3 帧的代码处将场景改为"下一场景"即可，如图 5-42 所示。

步骤五：测试影片，看下载条是否有效。需要注意的是，因为只是本地下载而不是真实地在网上下载，所以下载速度极快，无法看清实际效果，所以我们需要设置模拟下载速度。按快捷键 Ctrl +Enter 测试影片，在弹出的播放文件中，点击"视图"→"下载设置"并选择合适速度。然后点击"视图"→"模拟下载"，即可模拟网络下载，检查下载条效果了，如图 5-43 所示。

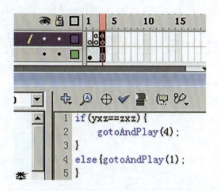

图 5-41　输入代码 2

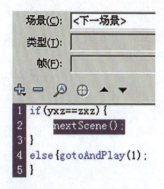

图 5-42　输入代码 3

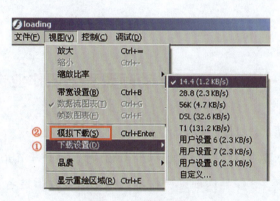

图 5-43　模拟下载

思考与
练习

一、讨论与思考

1. 请说一说 Animate 在网页设计领域的应用前景。

2. 动画配音、配乐对于叙事的帮助体现在哪几个方面？

3. 在多媒体课件制作方面，Animate 相较 Powerpoint 具有哪些优势？

二、作业与练习

1. 为自己的动画片制作一段"loading"动画。

2. 制作春节贺卡一份，共三页，使用按钮来控制翻页。

第六章 Animate 动画结课作业优秀作品选——案例分析[①]

第一节 Animate 动画课程结课作业选(非合作)

主题:自选题(参考)。

具体要求:①全片时长不少于 60 秒,不长于 180 秒。②需要制作片头、片尾。③作品内部须有作者姓名、指导教师姓名,制作单位等信息。④风格不限。⑤屏幕尺寸建议为 1280×720 像素,帧速率不低于 12fps(一拍二)。⑥如有对白,需标示中文字幕。

一、《脚步》(作者:张凯鹏)

该动画作品讲述了一个往复轮回、永无止境的故事。在创作之初,作者受到一些优秀动画短片启发,如《阿尔法 9 号上的奇怪生物》《killing time at home》等,觉得这样的故事很耐人寻味,所以也想做个此类型的小短片。分析过那些优秀短片之后,作者对轮回类故事的类型做了总结:①利用时间机器制造的时间轮回;②利用相关性造成的世代轮回;③利用特殊事物造成的相似事件的轮回。

最后作者采用的是第三种类型,这个特殊事物就是游戏机,它可以吸引人们去玩堆方块的游戏,当得分上升到 1000 分时,自己就会变成方块。

---

① 本章节中的案例均为本书编者指导、浙江传媒学院动画专业学生的原创作品。

接着再吸引第二个人上钩……

在制作中结合 Animate 和 PS 这两个软件，因为这部动画更接近于传统逐帧动画，所以用得最多的是 PS，但也不是每一帧都需绘制，多个图层经常是相互利用的，然后导入 Animate 中对动作的节奏进行调整，同时加上 Animate 中的一些元件和音效，最终合成全片，如图 6-1 至图 6-4 所示。

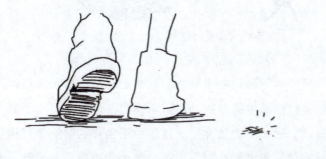

图 6-1　《脚步》截图 1

图 6-2　《脚步》截图 2

图 6-3　《脚步》截图 3

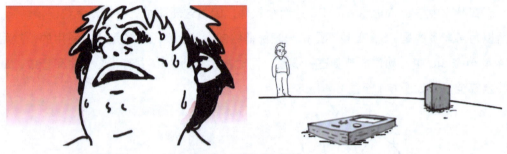

图 6-4 《脚步》截图 4

在创作过程中，作者将很多时间都用在了剧本的酝酿上，其故事和风格以及想带给观者的感受都是从以前的素材积累中得到的。当剧本确定下来时只剩下不到一周时间了。不过这几天正好没有课，时间上比较完整。真正用于制作的时间倒是很短，大概用了 5 天时间，在截止日期前一天做完。制作过程中最难的不是角色设计，而是动作设计，如要画哪些动作，每一张原画应该重复几次才能让动作协调。在制作过程中，作者用 KMplayer 播放器对一些优秀的动画进行逐帧捕捉，借鉴大师的经验，然后应用于这部动画——这应该是最难，也是最费时间的部分。

二、《疯蛙传奇》（作者：谢易登）

在该短片中，主角青蛙被设定为一位武艺高超的赏金杀手，谁出钱合理，他就给谁卖命，为此也招惹了很多仇人。

作者原本设计的是另一个故事，但考虑到只要做 30 秒的动画，很难把故事讲完，所以就放弃原来故事。30 秒更适合表现炫酷的画面和漂亮的镜头。同时，考虑到可行性，故事主线设定为西部荒野中的牛仔对决。

本片所有的绘图都是在 Animate 上完成的，考虑到制作速度和效率，作者基本上只用直线工具绘图。此外，在 After Effects 中添加了字幕与声音，如图 6-5、图 6-6 所示。

作品的问题也非常明显：有些内容在 Animate 中做起来特别快，有些内容做起来特别慢。比如，纯机械运动时可以很轻松地完成，但做一些弹性运动时，就得一帧一帧地绘制。同时，让各个元件在时间和位置的同步方面也比较麻烦，要调整很多次才能达到协调的水平。

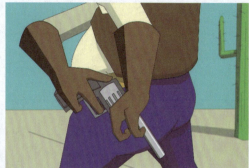

图 6-5　《疯蛙传奇》截图 1

图 6-6　《疯蛙传奇》截图 2

三、《爱上夏天》(作者：朱鑫宇)

故事的创意是来自作者从一本漫画书上看到的一幅小女孩坐在蒲公英上在天上快乐地飞的插图。故事的主要画面就这样确定了，如图 6-7、图 6-8 所示。作者又找了两首曲子，一首是久石让的《Summer》，另一首就是目前动画片所用的音乐《栗子树》。因为考虑到要制作的是30多秒的动画短片，最后选定了只有40多秒且有高潮、结局的《栗子树》。

音乐选定好后，就根据音乐构思故事，作者没有考虑具体剧情，只是根据音乐节奏来绘制自己能画出的动作、能做出的效果。

接着是人物。找了好多小女孩图片作为参考，可是总是感觉不行，作者后来无意间看到了姐姐小时候跳舞的照片，于是把真人卡通化，人物就这样制作出来了。

该片在转场上下了不少功夫，多次采用树叶、白鸽等元素把多个镜头剪辑在一起。其中蒲公英飞翔以及结尾的水滴也起到了配合节奏的作用。

图 6-7 《爱上夏天》截图 1

图 6-8 《爱上夏天》截图 2

人物是使用刷子工具画的，场景是用铅笔工具画的。先画好了动作，然后将人物放到场景里调整位置并制作一些简单的镜头。

四、《小白大战小橙》(作者：任暄照)

《小白大战小橙》是一部非常简单的动作打斗类动画短片。这部短片重点表现的是故事的完整性以及内容的连贯性。

基于非常有限的时间和篇幅，作者先做一个故事板，对整部动画的制作过程形成了整体的把握。整个打斗故事的开端、发展、冲突、收尾按照划分的重点来规划，把时间花在需要重点着墨的地方，因为制作时间很短，不可能把每个细节做得尽善尽美，抓重点才是成功的关键。

这部短片一开始是准备上颜色的，所以在制作过程中，必须很小心地把每个连接线封好，起初有点生疏，但熟能生巧，最后作者绘制得越来越熟练了。不过有点遗憾的是，动画上了颜色以后，给人的感觉是这部动画更简单粗糙了，还不如结尾时的那一小段黑白片段。有的时候，做得多不如做得巧。

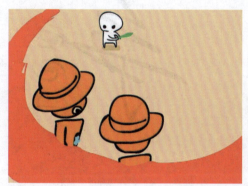

图 6-9　《小白大战小橙》截图

通过镜头的衔接来展示动作就是一个不错的办法，本片用很多分镜头，但如果在场景设计上多下功夫，效果可能会更好。

五、《争面包》(作者：来添翼)

随着移动绘图平台功能的日益完善，不少学生喜欢使用移动平台的软件来绘制图形乃至动画。本片就是先采用移动平板工具绘制逐帧位图，再用 Animate(Flash)进行动画合成的手法来制作的。

本片的情节通俗易懂，讲述了两个顾客为了抢购超市的最后一块面包而各显神通，结果面包被第三人买走的反转式故事。整部影片的镜头采用了舞台式的、从左到右运动的方式来推进故事，结构清晰，容易让观众理解，也不容易产生"越轴"等运镜错误。角色塑造动作生动，诙谐幽默，一分钟的故事设计精巧、节奏明快，如图6-10、图 6-11 和图 6-12 所示。

全片的美术风格采用手绘水彩画风，清晰明快，画面中的大片留白，给了观众很多的想象空间，同时也节约了大量的制作时间。虽然整部影片全部采用逐帧动画，但制作总量控制得很好，三天内就完成了所有的绘制工作。

整部影片中的四个角色造型生动夸张、特征鲜明，虽然镜头不多，但便于观众识别和记忆，契合整部影片简约明快的风格，体现了作者对动画的理解和把控水平，是结课作业中的佳作精品。

图 6-10　《争面包》截图 1

图 6-11　《争面包》截图 2

图 6-12　《争面包》截图 3

六、结课作业《瓶子》（作者：周龙吟）

60 秒的结课作业往往比毕业设计更加考验作者对动画的理解和把握，因为数字二维动画课程开设的时间都在低年级。结课作业的创作时间都在期末，往往面临着多门课程作业上交、外语和计算机等级考试等交织其间，一般来说只有一周，甚至 3—5 天的制作时间。短片的创作质量和作者的选题能力、时间管理能力、制作效率有着非常直接的关系。一旦出错，基本上没有"悔棋"的机会和时间。

《瓶子》这部作品讲述了一个闭环式的故事，小男孩在沙滩上捡到一个瓶子，他从瓶口往内窥视，里面似乎有双眼睛向外张望。小男孩把瓶子扔向远方，此时一个大浪打来，原来男孩身处的世界也在一个瓶子里，瓶子之外又有另一个相似的世界。

整部作品的结构虽然简单，但世界观设定却很开放，整个故事只是庞大世界的一个小"切片"样本。叙事空间十分灵活，可小可大，体现了作者的制作功力，如图 6-13 至图 6-16 所示。

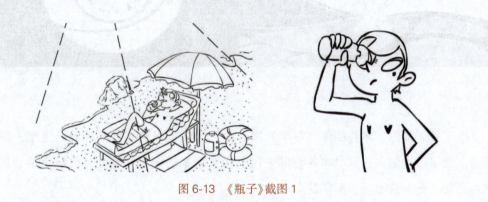

图 6-13　《瓶子》截图 1

图 6-14　《瓶子》截图 2

图 6-15　《瓶子》截图 3

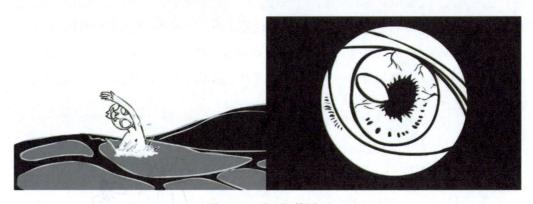

图 6-16　《瓶子》截图 4

除了编剧能力，本片的作者在平时训练中已经体现出相当优秀的动画造型、表演能力。为了节约制作时间，本片全部采用黑白两色来描绘，非但没有简陋之感，反而大胆出奇，重点突出，节奏明快。

造型能力好的同学往往会倾向于使用"板刷"工具配合手绘板来绘制，本片也不例外。全片的绘制一气呵成，几乎没有在制作上遇到太多的困难，节约大量的时间用于镜头设计与声音合成。这些因素共同促成本片成为同类结课作业中难得的佳作。

不纠结、不刻意追求大制作，充分利用好每一秒时间，考虑好每一点内容，这才是结课作业正确的创作思路。

七、结课作业《记忆》（作者：米笑田）

本片虽然是一部结课作业，但从整体世界观的设定、男女主人公两个年龄段的外貌设计、少年和老年的习惯动作区别，乃至整个场域设定，处处体现出作者的匠心。

麻雀虽小、五脏俱全。普通观众往往只关注画面的制作是否精美，而忽视动画作品的其他要素。本片在历年来高分的结课作业中依然是最优秀的作品之一，如图 6-17、图 6-18 和图 6-19 所示。

图 6-17　《记忆》截图 1

图 6-18　《记忆》截图 2

图 6-19　《记忆》截图 3

本片讲述了某一天，在郊外田园享受安逸生活的老两口因为一个意外被孩子扔进院子的小沙包，而回忆起年少时光，变得活力满满的小故事。全篇中导演手法的最绝妙之处，就是老爷爷和老奶奶年轻和年老状态的切换，通过一个沙包在院子内外的调度轻松完成，令人赞叹。角色状态的切换看似平淡却十分精巧，年轻状态下的雀跃和年老的沉稳对比鲜明却又格外和谐。

短片没有设计复杂夸张的剧情，只有看似平缓的节奏和故事，充分利用了60秒钟的时间。两段背景音乐虽然不是原创，但被作者运用得浑然天成，一快一慢，暗合年轻和年老的状态切换。本片对于细节的把控，往往易被初学者所忽视——无论是开场时除草机产生的噪声、老爷爷切换录音机音乐的动作设计，还是孩子们丢进来的沙包，看似微小，都对推动剧情产生了直接的作用。

本片直接使用了 Animate 中矢量绘图的线面结合技法来营造温馨的风格，并没有使用太多的特效或滤镜，大巧若拙。

八、结课作业《礼物》（作者：蒋依玲）

不同于一般学生作业的简陋和局限于快节奏的滑稽幽默的选题方向，这部短片清新隽永，回味深长，节奏舒缓，描写了一个懵懂暧昧的美好故事。本片的背景设定在一家售卖魔法礼物盒的小卖部，收礼的人会在盒子中得到自己最喜爱的物品。一个男生来买礼物盒，想送给自己喜欢的女孩，最后发现两人心有灵犀，如图6-20、图6-21和图6-22所示。

图 6-20 《礼物》截图 1

本片为了模拟手绘的插画风格，创作工具主要使用 Animate 和 PS，在 PS 中绘制背景后在 Animate 中绘制人物动画，最后添加音效。在人物以及背景的绘制上统一使用无勾线的风格，用矢量的色块来表现动作。男孩奔跑的过程依靠镜头遮挡转场并切换场景，并在场景中利用各种角色传达礼物盒的讯息。

图 6-21　　《礼物》截图 2

　　剧情动画配合贯穿全片的音乐，在情节上设计了两个起伏：一是男孩到店里钱不够买礼物，二是男孩打开盒子后发现是空盒子的失落，继而又产生转折，说明女孩最喜欢的就是男孩，体现故事最终的爱情主题。

图 6-22　《礼物》截图 3

九、结课作业《倒霉蛋》（作者：陈心懿）

　　本片的剧情结构简单清晰，情节幽默，便于观众理解。在美术风格方面，采用矢量图形大色块直接平涂，角色造型夸张生动，个性特征鲜明，如图 6-23、图 6-24 和图 6-25 所示。

　　创作这部一分钟的短片，作者的初步想法是避免出现复杂的剧情，因为不会有太多时间去叙事，让观众充分思考和理解；出现人物角色也是能少则少，因为交代人物关系也需要时间，所以作者尽可能简化故事的分支，目的是呈现观众一看就能理解的日常场景和一句话就能概括的剧情。整个片子中也只安排了两个人物。

图 6-23 《倒霉蛋》截图 1

图 6-24 《倒霉蛋》截图 2

图 6-25 《倒霉蛋》截图 3

在美术风格上,作者最终采用了扁平化的风格,因为色块的堆积和碰撞有利于实现作者对画面构成感的理解。其实还有一个重要的原因是,去勾线化能更方便地操作每一个图层的运动衔接,特别是人物身体部位去掉勾线能大幅度节省工作量。最终呈现的两个人物,作者甚至连明暗阴影都忽略了。

关于人物的身体比例方面,因为当时作者也在研究一些夸张化、概括化的视觉表达方式。特别是正片里出现的两个角色,将头部设计成完全不一样的形状,其实是作者有意为之，他充分发挥想象力，丢掉所有"模式化"的头型，以求呈现的每个角色形状不同但画风统一，各具特色。

关于场景设定，作者写剧本的时候就编排出大概的画面，主场景只有一个。采风调研方向是城市市中心的社区街道，比较接地气，大多数人都熟悉的生活场景让观众更容易接受。

十、结课作业《最后一个地球人》（作者：张昀）

这是历届结课作业中质量最出色的作品。初看此片时，很快就被故事和氛围吸引，而忘了去客观分析。作者在这件作品中的创作思路和导演手法表现出了超越年龄的成熟。第一次观看完本片后，很多人不相信这是在一周内完成的结课作业。仔细分析每一个镜头，都能发现作者的巧妙匠心。

首先是信息的传递，作者首先确定了动画时长内的镜头数，并认真计算了在一分钟内可传达的情感信息量。在有限时间内，需要以简练的方式清晰地表达故事情节，同时给观众留下深刻印象。因此，选择在一个场景中讲述具有转折的故事是最佳选择。通过对大量的一句话故事进行搜索，最终选定了"当世界上只剩下最后一个人，这时响起了敲门声"这一句话作为创作的主线。该故事既有背景又有转折，同时结尾留下了想象空间，如图 6-26 至 6-29 所示。

图 6-26　《最后一个地球人》截图 1

图 6-27　《最后一个地球人》截图 2

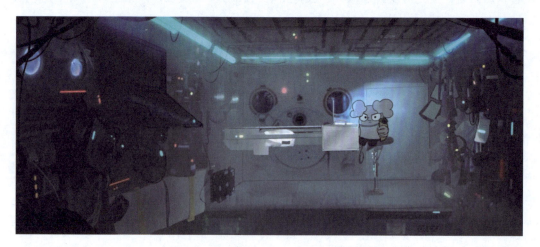

图 6-28 《最后一个地球人》截图 3

图 6-29 《最后一个地球人》截图 4

很多学生制作动画时会用依靠大量的动作和对话来叙事，这样不但耗费精力，也会分散观众注意力，让观众感到疲劳。本片的巧思之一就是大量使用场景叙事，如开场的数个空镜头，除了铺垫剧情、提升氛围之外，同时也具备叙事的功能。

其次，在进行选题分析后，作者对自身的特点进行了分析。作者的动画制作速度较慢，制作时间不足，绘制复杂的大动作时还存在困难，但在场景绘制方面表现尚佳。因此，作者决定在制作分镜时最大限度地发挥个人优势。故事设定在宇宙中，情节简单，讲述了当地球上只剩下主人公一人时，他在电脑前记录日常生活，听到午饭热好了的提示声，他习惯性地伸手拿出午饭，想要递给朋友，但发现朋友已不在，只留下他一个人。他感到非常伤心，之后他决定继续工作时，却突然听到敲门声。

开头用几个飞船船舱内的画面来塑造环境，让观众快速理解故事的发生地点。第二个镜头中桌上转动的地球仪（曾经的蓝色星球）和窗外已经失去生机而变得破败的地球重合，突出对比，又交代了主人公的主要工作环境，并顺势在场景中完成拿出吃的、递给朋友这一系列动作。

此处利用电流声效展现电灯电流不稳的情况，主人公在坏掉的电灯的闪烁中仿佛能看见从前的好友。随后，电灯熄灭，主人公被迫回到现实，空间中只剩他一人，呈现孤独的氛围。接着，通过切近景来凸显主人公的伤心，拿起照片的动作，更强调了主人公的感伤。最后，背景音响起敲门声，打破了场景的局限性，使观众的想象力被带到空间之外。

最后，在制作方面，作者使用了 Flash 和 Procreate 相结合来制作。Procreate 用来绘制场景和需要分层的物件，Flash 的元件功能则用来实现前中后景的分层，并通过移动前景和后景来营造摄像机移动效果。

此外，声音也是视听语言中的重要一环。该动画多次使用音效来增加信息量，如利用接触不良的电灯电流声连接现实和回忆，以及结尾的敲门声等。同时，背景音乐所使用的"星际穿越"音乐也增强了太空场景的氛围感。该片受到了校内外师生的一致好评，作者将不多的制作时间和精力分配得恰到好处，是很好的佳作范例。

十一、结课作业《追逐光明》(作者：张昀)

本作讲述了关于一个男孩子在深夜学习时因试图徒手捕捉萤火虫而引发的一系列奇遇。故事长 60 秒，使用 tvp +Animate 制作完成。差不多是从这个时间点 (2018—2019 年) 起，笔者注意到不少学生开始使用多种平台，而不是单一软件来完成作品。

创作之初，作者仅想完成一个弱化剧情而纯粹展示主角小男孩与怪物打斗的故事，强调动画节奏感，但再三考虑后决定赋予该作品一段不突兀且能够引导故事发展的剧情，即为这段"与怪物打斗"的奇遇增加前因后果——男孩在深夜写着作业，疲倦的他忽然看见了萤火虫……

在一个合理且有说服力的点子出现后，相关的各种设定似乎也能够顺水推舟地冒出了：主角的武器是学习用的笔与圆规、主角乘坐的载具(船)是橡皮擦、主角的降落伞是一张很大的练习卷……也就是说，我们在创作一部较短的动画时，应尽可能地不要忽略对细节设定的推敲。只有立足于可信的背景，作品才更能打动观众，如图 6-30、图 6-31 和图 6-32 所示。

故事的最后选择以比较开放的方式来结尾：在晾着湿得还滴着水的衣服与试卷的房间外，太阳缓缓升起，阳光透过窗户照进房间，而圆规、笔、橡皮正静静躺在书桌上。这时我们又会想：这究竟是男孩在夜晚的一次狂想、一个梦境，还是他真实地去往一个微观的世界里经历了一场奇妙的体验呢？

图 6-30 《追逐光明》截图 1

图 6-31 《追逐光明》截图 2

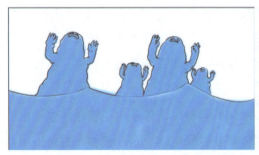

图 6-32 《追逐光明》截图 3

如果时间充足，需要进一步完善的是对于角色造型与场景设计的推敲，在配乐与画面的结合方面也可以好好斟酌。好的创作理念需要通过精益求精的制作来呈现，反之亦然。

十二、结课作业《叭》(作者：潘航)

本片有两个重要的亮点：一个是全片的剧情生动感人却又讲述得简洁明快。故事的灵感来自作者在小学时候的一篇日记《气球爸爸》。这篇日记记录了作者小时候坐在电瓶车后座上，看到正在骑车的爸爸扎进腰带的衬衫，因快速运动产生的风而被吹成一个大气球的形状。因此，在本片中作者借助拟人化处理手法，把气球比作父亲，用女孩和气球的关系暗喻孩子和父亲的关系，如图 6-33、图 6-34 所示。

另一个亮点是全片完全使用移动平台制作，这在本课程十余年来的优秀作品中是首次。虽然之前已经有不少同学使用移动平台工具完成部分制作，但像本作这样从第一笔的绘制到最后的后期合成、童声的生成全部使用移动平台工具完成，并能取得高分的，在本课程的结业作业中尚属首次。本课程下一阶段的重点将会关注新技术在动画中的应用。

图 6-33　《叭》截图 1

图 6-34　《叭》截图 2

作者把全片的基调定为治愈的、清新的，于是在声音方面选取了相对轻快的、更加符合本片氛围的背景音乐，并根据歌曲的节奏确定影片开头阶段女孩走路的节奏，其中儿童和声的垫音也正好符合主人公的性格。

值得一提的是本片的配音，作者尝试找了一些真人和配音工具，但是效果不佳。最终，作者使用了剪映APP中的"自动朗读"功能，将预先写好的文案在合适的位置导入视频轨道中，并挑选符合主角年龄的声音模式——萌娃。第一次观看本片的观众，都难以相信那萌萌的儿童声音竟然是用人工智能语音工具制作的。

十三、结课作业《新年奇遇记(Chinese New Year Adventure)》(作者：张卉莹)

本片作者是一位马来西亚华裔留学生，故事背景取材于作者从小的生活环境，讲述了女孩一家人回奶奶家过年时，一只贪吃的小老虎偷了神台上供奉的橘子后不小心被女孩发现，女孩跟着它误入天庭的故事。最初的创作想法是希望能展现马来西亚华人庆祝新年的传统文化，同时加入一些从小到大听过的神话元素。本片故事结构完整、逻辑清晰，角色众多却个性鲜明，并不雷同。得益于大量生活化、具象化的场景和细致入微的道具等设计、安排，整体美术风格简洁但并不粗糙，是结课作业中少见的佳作，如图6-35、图6-36和图6-37所示。

图6-35 《新年奇遇记》截图1

图6-36 《新年奇遇记》截图2

图 6-37 《新年奇遇记》截图 3

　　故事时间设定在马来西亚华人新村的农历新年期间，所以背景参考了当地华人新村常见的房屋造型和旧式室内设计，以及新年会出现的春联、剪纸、灯笼、年饼等。

　　创作结课作业的时候刚好是壬寅虎年新年，所以作者设定主角为一只爱吃橘子的小老虎，女孩在故事结尾也给了它一包橘子味的糖果，作为感谢带她回家的回报，这也是一个让仙灵也能体验现代食物的小趣味设计。

　　创作工具主要是 Animate 和 PS。背景和草图是在 PS 中绘制，再导入图片到 Animate 里继续绘制人物动画，最后在同一软件里添加音频和音效。整体的制作步骤并不烦琐。作品描绘了大量的马来西亚华人村的生活场景，生动有趣，如图6-38、图 6-39 和图 6-40 所示。

图 6-38 《新年奇遇记》截图 4

　　在绘制背景时，作者提前将背景根据远近分成不同的层，再通过调整物品的移动速度来模拟灵活的摄像机运动效果，如图 6-41、图 6-42 所示。

图 6-39　《新年奇遇记》截图 5

图 6-40　《新年奇遇记》截图 6

图 6-41　背景分层 1　　　　　　　　　图 6-42　背景分层 2

十四、结课作业《机器人的爱情》（作者：开吾沙尔）

短片的大致剧情是一个男性机器人在看电视节目的过程中被吸入电视内，之后又与他在电视上看到的女机器人互动的故事。观众可以从结尾看出这些全部都是男机器人幻想出来的，因为电线一拔就回到了现实，画面中的电视机也在短片的最后消失不见，如图 6-43、图 6-44、图 6-45 所示。

图 6-43   《机器人的爱情》截图 1

图 6-44   《机器人的爱情》截图 2

图 6-45   《机器人的爱情》截图 3

作者因为当时处于居家隔离状态，长时间的独处比较无聊，所以想做一点欢快好笑的内容，但又不想表现得太直白。比如，在故事开始时，女机器人本来是在电视里的，但后来不知道怎么钻出来和男机器人一起跳舞，这个原因是在最后揭晓的，而且中间增加了一点提示。

本片在创作之初，作者没有提前考虑背景音乐设计，但在画草稿的过程中偶然听到 blue swede 的音乐，其中一首《Hooked on a feeling》很有浪漫但滑稽的感觉，所以在后面创作的过程中一直反复听这首音乐，整个片子的节奏也是按照乐曲的节奏来安排的，最后也用它来做全片的背景音乐。

第二节　综合创作(毕业设计+联合作业)作品选(多人合作)

一、毕业设计作品《被单骑士》(作者：鲍懋、范祖荣等)

本片荣获北京电影学院动画学院阿达奖、第 12 届全国美展入围等多项荣誉。故事发生在福建省三明市的一隅。其中的缝纫机、月历牌，尽显浓浓的怀旧风味。在一户颇有历史感的民房内，住着一个名叫彬彬的小男孩，他正上幼儿园大班，尤其酷爱画画。今天分外炎热，妈妈不准彬彬外出，小家伙想出一个鬼点子，他找来家中的床单、水舀、锅盖，化身"被单骑士"溜出房门。他遇到同班的花花正被小狗欺负，于是便挺身而出。

这部片子由范祖荣领头，而且整部动画超过一半的前期设计也是他完成的，但中间出现很多问题，导致他在毕业之前没有完成，鲍懋接下了《被单骑士》剩下的工作，还好最后总算完成了。

这部片子的场景部分是由范祖荣完成的，如图 6-46 所示，现实部分的动作由孙颖、杨智源完成，幻想部分的整段剧情是由鲍懋来设计的，还有在动画部分做了很大贡献的张凯鹏，如图 6-47 所示。里面彬彬的原型就是范祖荣的弟弟，他在家就喜欢偷妈妈的被单披在身上到处玩，所以这部动画的构想就这样形成了。后面的打斗场面是鲍懋加上去的，制作小组想让片子的节奏快一点，风格帅一点，所以就在动作戏上下了功夫，但还是在幻想和现实的结合方面考虑了很久，因为在开始设定时，这两个部分的风格是不一样的，处理这个问题花了不少时间。

片子中的很多镜头都很生活化，场景其实全部是按照范祖荣家中的布局来设计的，如图 6-48 所示。创作组拍了很多照片，还画了很多地平面图，就是想在动画中还原这个空间，其中有石榴树和猪的场景，就是范家那边的一户养猪的人家，他们家还种了石榴树，偷采石榴也是同学们小时候最常做的事。成片有 4 分多钟，但故事还让人感觉意犹未尽，创作团队在前期准备了很多彬彬在小镇上玩耍的镜头，甚至连场景都画好了，但是一方面为了赶进度，另一方面为了留足时间制作幻想部分的场景，有些镜头就被舍弃了。

图 6-46　闽南民居场景设定

图 6-47　主创人员

图 6-48　生活化场景

二、毕业设计作品《妈妈的晚餐》(作者：胡双等)

本片是浙江传媒学院的胡双同学在母亲节时送给母亲的作品，故事表现了平凡的生活中也有让人感动的地方，如图 6-49 所示。

故事讲述一个先天残疾的男孩自己在家准备度过一个平凡的暑假，妈妈为他准备好午饭后就出去上班了，妈妈这么辛苦地早出晚归，男孩希望靠自己的力量给妈妈献上一份晚餐，可是妈妈一直不让他去厨房，可能是出于保护，也可能是妈妈觉得他还没有做好准备，但是男孩心里明白，接受过多的保护，自己是无法成长的，所以在他的精心策划下，在妈妈的生日那天，男孩将为妈妈献上一份精美的晚餐。

故事立足于生活，取材于生活。导演希望向大家呈现一个温馨的故事，影片中不乏许多能引起共鸣的日常生活里的内容，如母亲留在家里的便当、来催午饭的电话等。导演的目的就是讲一个平凡的故事，一个大家都熟悉的故事。当然要讲好这个故事需要统筹画面风格和剧情，以一套完整的叙事手段以及与美术风格相结合的艺术形式来表现，同时画面中的场景参考了实景——在实地拍摄之后得到一套完整的参照素材，而后在制作的过程中提供了很多的灵感，如图 6-47 所示。

在制作初期，导演就在一些小区的取景，如图 6-50 所示。首先，故事发生的时间与场景定位在 2000 年左右的一般居民小区。其次，老年居住者较多的社区充满了生活气息，仍然保留着许多 20 世纪 90 年代的家具和生活习惯，同时还要通过观察获取素材，不但能丰富细节，也增强故事的生活氛围和时代感，如图 6-51 所示。

图 6-49　动画场景

图 6-50　实地取景 1

图 6-51　实地取景 2

对于这个残疾孩子给家长制作一顿准备已久的晚餐的故事，我们可以轻易地找到其中的干扰事件，如家长不让孩子接触火，同时家长为他准备好了午饭，而小孩也想回报家长，所以最后作者选择的干扰事件是因主角身体残疾，父母不让他做饭，而主角却执意要去准备那顿晚饭，让原来已有的事件变成干扰事件。

故事需要基于完整的世界观来阐述，这就需要去考察残疾人的生活习惯和生活方式，导演把主角设定为残疾的孩子，孩子手部的残疾让准备午饭变得有难度，而且也不易于表现，同样对于叙事的压力过大，于是最后设定为一个坐在轮椅上的双腿残疾的孩子。

三、毕业设计作品《春天里》(作者：宋伟红等)

故事发生在春天，开满油菜花的季节。满地的油菜花里有一栋小房子，这就是故事发生的地点。场景大多为室内，室外的镜头很少，只在开头和结尾有室外的场景。发生在室内的故事通常会比较沉闷，但有许多办法来突破这种沉闷，如注意室内色调以及室内家具的细节，还有镜头的调度和人物动作的夸张性，加上精彩的镜头调度、生动的人物表演，故事就不会太沉闷。

在人物设计方面，主要人物采用三个头的比例，身体胖乎乎的，表面看上去很可爱，他的衣着比较简朴，与室内的环境色比较契合，整体色调很统一，如图 6-52 所示。故事中的另一个主角是蜜蜂，小小的身体大大的头，它的角色性格是遇到挫折时很坚强，也很霸气，所以最后结局是它带领一群蜜蜂来向胖子报仇。剧中的第三个角色，是胖子的一条小胖狗，体型像青蛙，眼睛突出，四肢短小，它在短片中只是用来烘托气氛，特别是在高潮阶段，小狗不断地狂叫，让气氛一下子激烈起来了。

图 6-52　《春天里》角色设计

　　动画表演最重要的就是动作的夸张性和弹性。比如，蜜蜂不小心钻进胖子的衣服里时，胖子晃动身体，通过夸张的动作来表现人物慌乱的情绪。小狗在椅子下悠闲地躺着，突然被主人踩到尾巴，小狗迅速地坐了起来，结果撞到椅背上，立刻又被弹了回去。小蜜蜂撞到镜子后，身体被挤压得变形了，然后很快又被弹了回来，迅速掉下去了，如图 6-53 所示。这段剧情的配音很有趣，特别是小蜜蜂撞到镜子的声音和掉在地上的声音都很生动。

四、毕业设计作品《作业惊魂》（作者：宋昭俊等）

　　在《作业惊魂》中，每个镜头的设计都考虑到了剧情与角色的需要，而且比较注意构图，每个镜头单独播放都是一幅具有美感的画面。一个镜头可能会由角色和场景结合而成，也可能只有场景、没有角色，也就是空镜，这就要求作者在设计分镜头时要具体构思场景与角色的布局关系、角度关系以及画面构图的美感，如图 6-54 所示。

　　由于《作业惊魂》这部动画短片有大量的动作设计，对于原画、动画，作者采用 Animate 来绘制并观察效果。Animate 软件的易用性，为迅速观察动画的流畅度和合理性提供了很大的帮助，极大地简化了工作流程，也降低了出错概率，如图 6-55 所示。

　　《作业惊魂》这部动画短片主要是靠镜头的组接和声音来控制整体节奏。在镜头的组接方面，采用了动静结合的手法，因为一部短片必须有合适的节奏，剧情需要舒缓的节奏，而一些动作情节则需要通过调节镜头运动的速度等来营造紧张的氛围，这样才能使全片中不同情节的节奏形成对比，也更符合动画片剧情的需要。

图 6-53 《春天里》角色动作设计

图 6-54 《作业惊魂》分镜头设计

图 6-55　《作业惊魂》动作设计

　　动画短片的节奏渗透在影片的各个方面，包括声音、动作以及镜头的组接等，也就是说，影片中的节奏是多种因素的有机统一而形成的视觉和听觉的艺术。短片的节奏是一种生命力，也是评价影片的重要标准之一，如图 6-56 所示。

五、毕业设计作品《上山》（导演：倪太龙）

　　《上山》整部作品风格清新自然，美术设计突破了固有思维，没有使用"水""墨"等司空见惯的技法，而是全部使用计算机数字二维手法，数码技术的介入不但没有破坏"禅"的意境，反而形成了电子风和古风并存的空灵韵味。短片讲述了一个发生在一瞬间的情节，和尚在举棋不定的瞬间进入了想象空间，他在空间中经历了上山的过程，其间与渔夫对望，与下山的僧人擦肩而过，最后被竹子断开之声惊醒，原来想象的时间跨度只有一瞬间。本片荣获北京大学生电影节最佳创意奖等多个奖项，如图 6-57 所示。

　　作曲家袁思翰为本片创作了同名原创音乐《Up goes the mountain》，节奏不慌不忙但火候十足。配器方面选择了钢琴和弦乐的配合。影片用和声走向来展现东方气韵，用民族乐器进行点缀。作曲家实验了几种乐器搭配后，找来一把打品很严重的破旧木吉他，录了几个单音，再搭配上大提琴和箫的声音——作品想寻找的声音出现了。

图 6-56 《作业惊魂》的节奏营造

图 6-57 《上山》画面的韵味

六、毕业设计作品《行雨》(作者:高思远)

《行雨》讲述了一个女孩因为一场江南春雨而回忆起了自己童年时生活的江南,有废弃的石磨和石板搭的石凳,有高耸的马头墙,有斑斑默默的瓦爿墙面,种着郁郁葱葱的竹子的院子,还有每家必备的大水缸等。一场雨带起了一场回忆,女孩触摸着儿时玩耍时在老墙上留下的涂鸦，想起了过往的种种，可那历历在目的江南美景、自由自在的生活，已被眼前的旧宅废墟和鳞次栉比的高楼大厦所代替，如图 6-58、图 6-59和图 6-60 所示。

图 6-58　《行雨》海报

图 6-59　《行雨》场景 1

图 6-60   《行雨》场景 2

七、毕业设计作品《猴子与仙人》（作者：王思林、沈心慧等）

故事的灵感源于作者的梦境：一个仙人与宠物猴子之间互动的情景。在对剧情进行修改与丰富的过程中，作者参考了大量欧美动画长短片，以角色之间的矛盾入手，注重通过角色间对立中的平衡来丰富剧情的戏剧性与娱乐性，增强情节张力，如图6-61所示。

图 6-61   《猴子与仙人》角色设计

根据剧情设计，这个短片分为画外现实世界和画中桃子世界两个部分。在导演完成整个故事的剧情以后，基于这部片子本身的中式风格来设计场景是一个挑战，需要充分考虑画中世界的梦幻性以及和现实世界的区分，也要在现实世界场景的细节中融入中式元素，然后设计一整套场景来配合导演的意图和镜头的需要，如图6-62、图6-63所示。

图 6-62　《猴子与仙人》场景设计 1

图 6-63　《猴子与仙人》场景设计 2

本片的动作设计，主要强调了不同角色的动作节奏表现，如图 6-64 所示。对于猴子的动作设计，作者特别注意猴子的肢体语言的情绪反应与表情表现，特别是麻烦的尾巴，着实花了一番功夫；对于仙人的动作设计，则与其郁闷、惊讶、愤怒与迷糊的状态结合来满足叙事的要求。本片中有不少小细节设计得很用心，如在画中世界，桃子用叶子站立时因重心不稳而绕了一圈等，为本片的叙事做了很好的表达。

图 6-64 《猴子与仙人》角色动作设计

八、毕业设计作品《电脑大作战》(作者：丁洁)

这部动画短片中主要有小男孩和他的妈妈两个动画角色。其中，小男孩有着极其丰富的肢体语言，既独特又具有一定的代表性。妈妈则是被塑造为较为严肃的职业女性形象，和小男孩形成鲜明对比，如图 6-65 所示。

这部动画片讲述了一个调皮的小男孩趁妈妈去上班的时候想尽各种办法偷偷玩电脑，却因玩得过于入迷还是被妈妈发现了的故事。片中的小男孩活泼好动，在妈妈眼皮底下想装作爱学习，肢体语言却透露出了他坐不住的好动天性。即使在妈妈看来，他正坐在桌前认真看书，但他一只手却不耐烦地托着脑袋，另一只手不停地转着手中的笔，眼睛闭着，听着窗外的鸟叫声。这些动作细节反映了小男孩调皮好动的性格，如图 6-66 所示。

当妈妈离开书房后，观者可以看到的不仅是张开双臂飞奔的小男孩，还有身边被小男孩撞开的椅子，这一不容易察觉的物象以一种倾斜的姿态渲染着孩子焦急和兴奋并存的心情。画面中孩子的姿势近乎手舞足蹈，身子前倾，双手伸向前方，表现出他对于门外状况的关切，又衬托出他对于玩电脑的求之心切，如图 6-67 所示。

图 6-65　《电脑大作战》海报

图 6-66　《电脑大作战》场景设计 1

图 6-67　《电脑大作战》场景设计 2

　　在插电源线的一幕中，小男孩踮着脚尖，仰着头，胳膊费力地伸向电源插座，这样的姿势看似笨拙，甚至有些夸张，但可以让观者更好地感受到孩子对于玩电脑这件事情的迫切心情。而另一方面，小男孩左手小心翼翼地拿着线板，注意着每一根线的排布，努力不让房中的任一设备有挪动过的痕迹，这样的细节都有助于强化小男孩的性格特征，如图 6-68 所示。

图 6-68　《电脑大作战》动作设计 1

等到妈妈快回来了，小男孩同样是胳膊前伸，大步飞奔，虽然身体姿势相似，但其内心的紧张却由跑步姿势和面部表情微妙地表现了出来，孩子表情是紧张和惊恐的，姿势是杂乱和焦虑的，他的心急如焚却无可奈何，通过其面部表情和动作表现得淋漓尽致，如图 6-69 所示。

图 6-69　《电脑大作战》动作设计 2

妈妈回到屋中再次确认孩子是否在好好学习时，小男孩那翘起的眉毛、往一边瞟且瞪大的眼睛反映了孩子的紧张，还有那颠倒的课本把孩子全然没有看书的情景刻画得相当传神。因此，小男孩面部表情的设计对于其心理的刻画有着至关重要的作用，如图 6-70 所示。

孩子的喜怒皆形于色，这便是心无城府，这便是天真。当电脑的密码被小男孩无意中试出来后，孩子内心的兴奋和激动也无须掩盖，转一圈，叫一声，夸张的动作和表情让此前的沉闷和紧张烟消云散，此时小男孩一定早就忘记了自己"顶风作案"的处境，但这也是孩子与大人的不同之处，如图 6-71 所示。

九、毕业设计作品《没信号了》（作者：王海洋、陈艳倩、任英）

故事主要内容是：在一次家庭聚餐时，爷爷精心准备了一大桌子的菜，然而所有的家庭成员——爸爸、妈妈、哥哥却完全漠视了爷爷，忙着玩手机。饭桌上被冷落的爷爷帮着家庭成员们夹菜，而他们都沉浸在手机中的虚幻世界——爸爸忙着电话应酬，妈妈在忙着自拍发社交网络，哥哥在专注地玩手机游戏。在短片最后，作者设定了一个 happy ending，小狗拔掉了路由器的插头，网络没了，大家才放下了手机，开始热热闹闹地吃饭，如图 6-72 所示。

图 6-70   《电脑大作战》动作设计 3

图 6-71   《电脑大作战》动作设计 4

本片入选国家广播电视总局举办的社会主义核心价值观动画展播项目，全片采用数字二维形式创作。在数字信息化的时代，手机的出现让人们的娱乐方式、交流方式，甚至生活方式都变得电子化。的确，手机给人们提供了便利——相隔两地的家人可以用手机打电话以慰思念之情，用手机拍照方便地记录每一个美好的瞬间，但是越来越多的人让手机几乎占据了自己全部的生活，每天早上起来的第一件事是打开手机；吃饭的时候，菜端上来后人们第一个动作是拿手机拍照。越来越多的人沉迷于手机，当老人想和自己的孩子谈谈心时，手机就成了他们之间的障碍。

图 6-72　《没信号了》海报

其中，爸爸、妈妈、哥哥分别代表沉迷于手机的三类人：电话应酬、网络社交与手机游戏。爷爷是独居老人，希望能和亲人聊天排解寂寞，得到精神上的安慰。小孩和小狗则是能够改变这种现状的，充满希望、阳光的典型代表，如图 6-73、图 6-74 和图6-75所示。

图 6-73 《没信号了》角色设计

图 6-74 《没信号了》角色动作设计 1

图 6-75 《没信号了》角色动作设计 2

作者通过这样一部聚焦当下社会现状的短片，来引发人们的思考，提醒人们多关心家人，能够抽出时间来陪陪他们，聊聊家常，做一些面对面的交流和沟通。

十、毕业设计作品《相亲记》(作者：姚盛楠、丁汀、倪蝶)

《相亲记》讲述的是在一个虚构的平行空间中的小城市里，人们都以胖为美，相对的，瘦小苗条被视为丑，人们为了变胖花了许多心思，充脂增肥的手段层出不穷。女主角是一个瘦子，她内心并不介意自己不胖，可是因为环境的原因，便把自己伪装起来，在衣服里面塞气球，伪装成一个胖子，结果各种意外的发生让她的相亲之行状况百出。

本片是典型的数字二维动画毕业设计作品，由三人团队合作完成，荣获全国设计大师奖金奖，如图 6-76 所示。

这个故事是导演团队经过多次斟酌，从三四个剧本中选出来的，因为它具有有趣的世界观且能与当下时事热点、争议话题相结合，从独特的角度来表达对人生的感受。动画的美术风格结合了艺术动画与商业动画的部分特点，创造出具有个人风格的动画角色，作者期待该作品让观众感到有趣的同时又能有所触动。

故事背景设定在一个和现代社会审美截然相反的"以胖为美"的时空，爱美的女孩对于拥有丰腴的身材趋之若鹜。在一条条整形流水线上，医生将一个个瘦小的女人用巨大针筒灌成胖子，而女主角就在这条流水线上，却狠不下心充脂，最后用气球枕头等填充物企图蒙混过关，如图 6-77 所示。

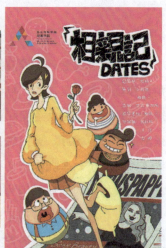

图 6-76　《相亲记》海报　　　　　　　图 6-77　《相亲记》角色设计 1

　　人物夸张的表演及角色之间发生的尴尬事件等，都是作者想要表现的喜剧效果，剧本中又融合了当下社会的三个热点话题：剩女、相亲、整容，很容易引起观众的共鸣。剧本中三位男主人公的设置也挑选了一些如"话痨""外貌协会"等具有代表性的形象，使每一段故事都生动有趣。作者以诙谐的口吻讲故事，更希望能够对社会上的某类人加以影射，如用"修图""整容"等手段在这个拼"颜值"的世界里抢下一席之地的人，以及如故事中的女主角一般，渴望爱情却屡受打击的人。

　　两个女性角色，一个瘦得弱柳扶风，另一个胖得珠圆玉润，这种对比所带来的趣味感让观众对她们即将发生的故事充满兴趣。三个男性角色虽然身材比例差异不大，但他们各具特色的服饰造型以及动作设计又能暗示他们不同的身份和性格，如图 6-78 所示。

图 6-78 《相亲记》角色设计 2

　　在剧本确定之后，导演组就先从场景入手，首先考虑到故事虽然是虚拟世界，但角色和场景都是具象的，场景应该以现实场景为基础，如图 6-79、图 6-80 所示。这部短片表现的主要是女主角和她的三个相亲对象在一天中发生的故事，本片的大部分场景都是一个西餐厅。凭空想象一个场景及其中的物件比较有难度，所以前期采风的时候，作者去了一些咖啡馆和餐厅并用拍照的方式把需要的场景素材收集起来，然后进行动画风格化的处理。因为主要内容都局限在这个场景里，为了避免场景过于单调，不同的人物视角里会出现不同画面。作者尝试过使用 3d 建模的方法构建西餐厅的空间，这些准备工作都为场景绘制提供了很大的帮助。同时，考虑到普通的咖啡馆或餐厅场景都会有些昏暗沉闷，因此，作者在场景中加入了一些道具如植物、花以及会发声的咖啡机等，给场景增添了一些生机。

图 6-79　《相亲记》场景设计 1

图 6-80　《相亲记》场景设计 2

十一、毕业设计作品《进化》（作者：来添翼、程瑞雪、刘兴旺）

《进化》这部二维动画作品是以人类和文明社会的进化历程为构架，以进化过程中每个时代的不同矛盾与斗争为线索、一胖一瘦两个对立人物为主要角色，以舞台剧的形式表现人类进化的不同时代所发生的故事，并赋予奇特的结局，旨在带动人们回顾历史事件的同时眼观当下、展望未来。

本片荣获全国设计大师奖特别奖、北京大学生电影节最佳编剧奖。全片采用数字二维动画方式制作。在美术风格设定方面，作者尝试了主流动画不常见的手绘水彩风格，简洁明快。而在动画的表演与剧情方面，比较注重趣味性，希望能给观众带来轻快开心又不失思考的观赏体验。

由于主线是两个对立的角色从古至今的争斗、冲突，即主角设定为贯穿始终的两个对立的角色，并且需要以明显的造型加以区分，所以设定两人为一胖一瘦，瘦子的形象能让人联想到"方形"，胖子的形象则能让人联想到"圆形"。

图 6-81 《进化》场景设计

图 6-82 《进行》角色设计 1

图 6-83 《进行》角色设计 2

角色的姿态，则从猿猴时代的蜷缩低矮，到罗马文明时代的壮硕高大，又到被工作压弯了腰的上班族和最近出现的"低头族"，再到现在的一些天天待在家里、蜷缩于电脑前的"宅男"。这一对比非常明确又有趣，且充满了讽刺意味，能触动观众对人类现状和未来的思考。

十二、毕业设计作品《逐日》（作者：杜昊晨）

动画短片《逐日》脱胎于中国传统神话故事"夸父逐日"，作者对它进行了重新解读与诠释。在美术风格上采用了水彩与水墨相结合的表现形式，借鉴了许多中国传统山水画的构图、配色等视觉元素以及表现技法，如张大千先生的作品中对于红绿色调的运用，并在人物设计、场景设计的过程中对传统绘画作品中的元素进行有意识地理解与选取，再通过电脑绘图软件进行拆解与模拟运用，最终呈现出沿袭传统绘画风格但又别开生面的动画美术设计，如图 6-84、图 6-85 所示。

图 6-84 《逐日》美术设计 1

在角色设计方面，作者对神话传说中的夸父一族的形貌进行再创造，粗犷、高耸、结实是其主要特征。而对于太阳的化身——小女孩，则设计了一些细节元素，如小女孩衣服上的飘带，是太阳鸟尾羽的变化；衣服上的红色图腾，代表其三足金乌的身份；小女孩肘部的微小羽毛也是其真实身份的暗示与象征，如图 6-86、图 6-87 所示。

图 6-85 《逐日》美术设计 2

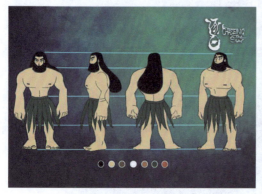

图 6-86 《逐日》角色设计 1

图 6-87 《逐日》角色设计 2

　　在后期制作中，作者通过色调处理使角色与场景更和谐地相融，并对动画节奏进行了调整，还用 AE 软件添加自然光、风、云、烟、雾、雪等特效来丰富画面效果。

十三、毕业设计作品《不要迟到》（作者：刘天毅）

　　《不要迟到》是非典型的魔幻现实主义二维动画，虽然只是一部学生毕业作品，但在角色刻画和塑造以及动作表演方面显示出扎实的基本功。本片突破了普通学生创作中角色不敢设定太多的局限，其中的数十个配角哪怕只有一个镜头，但无论是造型、服饰和道具乃至动作表演，都刻画得较充分，特征表现得十分到位。

　　这部短片讲述了一个上班族历尽艰难，为了能够准时打卡上班，在最后的倒计时期间拼命狂奔，一路越过各种路障，最终抵达公司的故事，如图 6-88、图 6-89 和图 6-90 所示。人物造型的设计不算独特，没有为了突出主人公的形象而特意做一些夸张的设定。因为作者设想这个上班族，是你，是我，是每一个为了生活而奔波的人的缩影。这种放在人堆里也并不突出的人，更能体现出平凡感。片中主人公是按照作者自己的

图 6-88　《不要迟到》海报

图 6-89　《不要迟到》动画设计 1

形象来设定的，因为其实这个故事就是作者对假期中实习生活的记录。角色头发的两种颜色表达了内心的纠结——人物内心中两种声音的抗争：一个因为不想上班而在心中屡屡打退堂鼓，而另一个无论是面对拥挤的人潮还是毒辣的天气却必须去上班。在角色的身高和风格方面，为了符合诙谐的动画基调，采用了三头身的设定；时间则设定为酷夏时节上班的某一天。

图 6-90 《不要迟到》动画设计 2

本作品以大城市中拥挤的街道为主要场景。作者希望观众能和动画里的主人公一样，面对挫败和坎坷，虽有过犹豫、有过崩溃，但最终还是能迎着困难，勇往直前。

十四、毕业设计作品《小白糖货》（作者：崔程茜、郑亚静、郑瀚、张看等）

这部短片中的故事发生在 20 世纪 90 年代山西的一个小城镇，由一对兄妹的日常生活片段来展开叙事，如图 6-91 所示。小男孩在看书时无意中把书本扯坏了，想修补但发现胶带不够，于是便以"五比一大"的借口，用自己的五毛钱换掉妹妹的一块钱硬币，想再买一卷新胶带，但又被路边的雪糕所吸引，将正事浑然抛到脑后，回家后妹妹却拿着胶带与哥哥一起修补了书本。

整部片子的场景设定在山西，选用城墙的黄灰色来制作主色调，这个设定其实有点主观，因为如果去实地考察，会发现城墙其实并没有那么强烈的黄色感和灰色感，但是作者在采风的过程当中就用了这种黄灰色来对北方的干燥进行表现。这部短片追求沉淀在 90 年代记忆中的美好画面，《小白糖货》这部作品的场景细节与氛围设定，尽可能地还原当时人们的生活环境，表现出对童年的缅怀之情，如图6-92、图 6-93 所示。

在场景绘制的过程中，作者利用这些老物件，如电风扇，还有墙上的墙纸以及木制的窗户和在透明桌垫下面压相片压邮票等，让整个场景变得更加生活化、具体化，也增强了整部片子的细腻感和真实感，如图 6-94、图 6-95 所示。

图 6-91　《小白糖货》海报

图 6-92　《小白糖货》场景设计 1

图 6-93　《小白糖货》场景设计 2

图 6-94　《小白糖货》人物设计 1

整部片子的人物动作绘制都是在 Animate 中完成的——矢量动画的优势便在此显示出来，由于影片中的动作幅度从整体上来讲不是很复杂，所以需要在 Animate 中检查细微之处的流畅性，卡出中间帧位置补全帧数，使镜头中的动作更流畅且便于调节速度和节奏。

图 6-95　《小白糖货》人物设计 2

十五、毕业设计作品《困兽》（作者：吴璇、李智鹏、曾麓瑾）

全片时长约 7 分钟。它讲述的故事是：一只狼人受到要挟而不得不伪装成人类参加拳击赛，赢下许多比赛后教练希望狼人输一场，可狼人却并不想输，见他不受控制，教练只好解决掉他以绝后患。而狼人的一次次胜利似乎已经传递出某种信息，最后当他以狼人的姿态在擂台上倒下时，场下的人们纷纷变成狼人，如图 6-96 所示。

图 6-96　《困兽》剧照与海报

在创作初期，创作团队每周都要举行至少两次会议，开展头脑风暴，集思广益，最后由小组成员投票决定，在第一个月内敲定了大致的故事：一个热爱运动的怪物隐藏在人类社会中并参与体育运动。根据这个构思，创作团队接下来开始深入思考内在的叙事要素，如"选择什么样的怪兽和什么样的运动""基于动画这一媒介应该如何叙事才能更具备可看性"等。综合对画面的观赏性和叙事的冲突性两个因素的考虑，创作团队最终决定将怪兽的形象设定为狼人，将体育运动设定为拳击，并在其中加入了"教练骗狼人吃下巧克力"的推动情节和"观众纷纷变成了狼人"的反转情节，表达了"残暴的欢愉，终将以残暴终结"的主题，如图 6-97 所示。

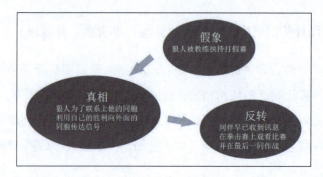

图 6-97 《困兽》剧情

　　故事敲定之后，创作团队开始进行美术设计和分镜头设计的工作。其中，美术设计包含人物设计和场景设计，创作团队参考了很多影片，翻阅了大量的动画设定图，学习其中的制作规范。在人物设计方面，重点考虑外轮廓形体是否具有标志性以及人物的身高、角色在不同的场景中的颜色等要素，如图 6-98、图 6-99 所示。

　　在设计场景时，创作团队参考了大量的动画场景并在其中汲取养分。为了在效率和效果之间达到平衡，创作团队采纳了一种接近于东南亚国家的角色扮演游戏的场景风格，全程使用 Photoshop 进行绘制。而在分镜头设计环节里，创作团队借助建模软件 Maya 进行绘制，极大地提高了绘画的准确性，如图 6-100、图 6-101 和图 6-102 所示。

图 6-98 《困兽》角色设计 1

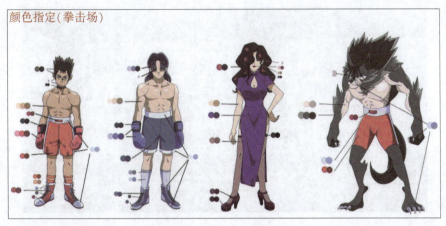

图 6-99　《困兽》角色设计 2

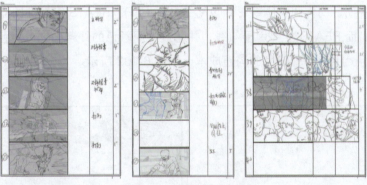

图 6-100　《困兽》分镜设计

图 6-101　《困兽》场景设计 1

图 6-102 《困兽》场景设计 2

在制作中期，创作团队围绕影片风格结合了 CSP、REATS 等软件的应用。CSP 用于动画绘制，而 REATS 主要用于勾线，并通过不同颜色的线条去划分填色区域，有效减少了与承担上色工作的成员的沟通成本，如图 6-103`所示。

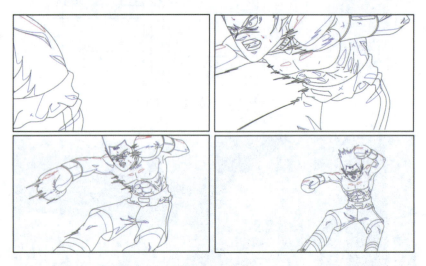

图 6-103 勾线

十六、联合作业作品《面香》（作者：彭杏柔、张卉莹、黄赟）

本片讲述了一个热爱厨艺的女孩在追梦过程中遭遇来自家庭的阻碍，最终在自身的努力下获得父亲的支持的故事。一天，爷爷带着女孩到面档吃福建面，发觉如今食物的味道并不如以前正宗，他很怀念以前他父亲煮的味道。这也让爷爷想起家里有一张家传的福建面食谱，而热爱下厨的女主角决定研究这份食谱，在完成爷爷心愿的同时追求自己的厨师梦。然而，女孩起初的研究并不成功，性格强硬的父亲反对其追求厨艺梦想，希望自己的女儿去当更有前途的护士。在经历了种种困难后，女主抓住机遇，得到父亲的谅解和支持，到中国去学习马来西亚福建面的前身，也就是中国厦门虾面的做法，如图 6-104 所示。

图 6-104　《面香》场景设计

本片的创作宗旨是通过动画片探讨中国文化与马来西亚文化之间的差异（美食文化），求同存异，同时表现亲情以及对传统文化的向往与追求，如图 6-105 所示。

图 6-105　《面香》剧情设计

本片的主旨是希望父母不要过度干预孩子对未来的选择，而应放手让孩子勇敢去追求他想要的生活，从事他喜欢的工作，表达了这一代世界青年的共同心声，如图 6-106 所示。

图 6-106 《面香》人物设计

对于联合作业，浙江传媒学院等院校设定的项目周期在三个月左右，可以三人团队合作，因此，项目大于平时作业，但又小于毕业设计，加之又是团队合作创作。这就对学生创作项目的定位、具体执行和团队合作精神提出了非常高的要求。经过这些年的实践总结，笔者发现联合作品的成功率小于毕业设计和平时作业，是非常容易"翻车"的，但本项目团队仍顶住压力，克服困难，较好地完成了作品，如图 6-107 所示。

十七、联合作业作品《归来》（作者：温乐阳、于佳辰、张晓折）

《归来》在建党百年之际，以两个时代为背景，在历史与现代的碰撞中呈现个人命运与时代潮流交融中不灭的意志火花。本作品为浙江传媒学院动画专业联合作业，制作周期为三个月，非常考验创作者的前期策划和定位能力。本作品获浙江省大学生多媒体大赛一等奖，如图 6-108 所示。

故事取材自我国现代漫画事业先驱丰子恺先生的一段经历，舞台设定在浙江嘉兴石门镇的丰子恺故居，采用双线叙事，交错呈现以推进剧情。主角是一个从事绘画的年轻人，采风时因发现了丰子恺故居而对过去的事产生了兴趣，而在百年前由于日军的侵略，丰子恺不得不准备携家眷逃难，如图 6-109、图 6-110 所示。

此片的动画风格参考了传统水墨风格，以 Animate 为主、结合 PS（Photoshop）、AE（After Effects）创作数字二维无纸动画。故事场景设计、道具设计以及过去的人物服饰等皆是经过实地考察与大量的资料收集后完成的，希望能够还原同一地点在两个时代呈现的不同氛围。

图 6-107 《面香》分镜设计与成片

图 6-108 《归来》片头

图 6-109 《归来》场景设计 1

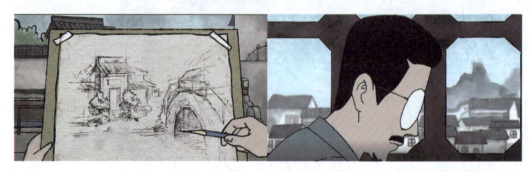

图 6-110 《归来》场景设计 2

在叙事手法上，两条剧情线根据动画片的时间限制而有所删减，围绕主要的脉络来推进。通过大量相似镜头完成两个时空的转场，使用黄色的蝴蝶、蝴蝶风筝串联两个年代，让蝴蝶带着观众在时空中穿梭。

主要人物设置了少、青、中三代，既丰富了群像，又带来了不同的视角。结构上用过去与现代、素描与水墨、战争与和平等多组关系对照，充分又严谨地铺开脉络，使得简单的剧情中人物与人物的轨迹相交，为观众带来独一无二、回味悠长的感受，并在一些段落中加入非常规的镜头语言，生动地将水墨画与历史刻痕串联，如图 6-111 所示。

"归来"不单单是指战后得以回到故居，也是指跨越百年后的传承，主角回到丰子恺先生的故居了解过去的人们的经历，感受他们的所思所想。作者为了创作这部动画去实地记录历史的痕迹，体会思想、意志、信念的继承——这正是作者通过这部作品尝试着表达，每一部动画制作起初都源于"想做"，只有怀有那份真切的情感，才会信念坚定地投入每一个制作环节，如图 6-112 所示。

图 6-111　《归来》镜头语言设计

图 6-112　《归来》

　　在时间及精力允许的情况下，这部动画可以在场景与细节的塑造方面做到进一步精益求精。一些风格化的镜头设计要更贴合剧情，以讲好故事为目标，而不只是为了烘托情绪。

　　动画不仅仅是会动的画面，动画是故事、镜头语言、画面……以及不可能的幻想的总和。如果动画的背景是基于现实的，就一定要做好调查，要学会充分找寻资料。如果要传递某种思想，不能仅仅想着如何去表达，首先要说服自己，才能更好地将自己想要表达的内容传递给观众。

十八、联合作业作品《归途》(作者：郑瀚、郑思凡、陈欣贤)

本作品同样为浙江传媒学院动画专业联合作业，属于省公安厅"禁毒主题"命题创作。制作周期为大二下学期一个学期。创作团队从项目开始之初到暑期期间完成工作，基本上都在工作室内度过。本作品获浙江省大学生多媒体大赛一等奖，如图 6-113 所示。整个创作过程困难重重，其间遇到的最大的难题还是在剧本创作阶段——"禁毒"这个主题离普通人相对较远，不好入手。团队成员各抒己见后确定了一个大致的方向，就是表达一个比较积极、正能量的小故事。只要确定了创作方向，设计剧情的时候就有了思路，准则越清晰、越细致，思路就越明确。

图 6-113 《归途》海报

《归途》是以禁毒为主题创作的一个小短片，通过比较现实和理性的手法讲述一个艺术家如何摆脱毒品，走出困境，重新回归生活的故事。

每个人都有自己的想法，都希望自己的想法能在作品中体现出来，当不同的想法碰撞时难免会有一些争执，创作团队也遇到了这样的问题，这就需要成员们主动沟通，并以故事本身为主导进行总结提炼。经过不断磨合，最终形成了一个比较完善的剧本，也让制作阶段变得顺利了很多。

在前期美术设计和中期动画制作的过程中，需要有比较明确的分工和时间计划。本片美术风格采用了主流的商业动画模式，线面结合、突出造型，且叙事清晰、逻辑

完整，是联合作业中制作能力和整体把控比较优秀的案例，如图 6-114、图 6-115
所示。

图 6-114　《归途》场景 1

图 6-115　《归途》场景 2

十九、联合创作+创业孵化项目《末路异客》（作者：陈泂瑶等）

一直以来，动画作品的创作需要较长的时间。一部学生毕业创作项目，哪怕由多
人完成，也至少需要半年的时间，难免会和毕业时的其他工作发生冲突，如毕业实习、
毕业论文写作。此外，求职或考研同样需要大量的精力和时间。因此，如果不能做好
平衡，毕业设计的优先级往往得不到保障。

本作品的创作基于一种全新的探索模式——它既是作者团队的毕业设计，同时也
作为创业项目，入选了学校的创业学院扶持计划，并得到了社会资金的资助，这样本
项目就取得了一举三得的良好开局，整个团队没有后顾之忧，得以在一整年的时间里
全力创作。

本作是典型的数字二维动画作品，全片均为数字手绘，时长约 15 分钟，讲述了一

个"生化危机"类型的科幻故事——因"催化剂"战争的战略失误而形成了一片无法使用热武器的地区，人们在此改用冷兵器战斗，而植物也因变异而不再开花长出种子繁衍，只会结出难吃的果实。故事的主线是 16 岁的女主齐格参与了"催化剂"战争的始末。这是一部含有废土、武侠、动作、科幻等诸多元素的网络动画系列短片，如图 6-116、图 6-117 所示。

图 6-116 《末路异客》角色设定

图 6-117 《末路异客》前期场景设定

在创作前期，创作团队每周会进行两次以上的例会，经过约两个月的方案对撞，在历时总共八版的大纲修订后，故事大致确定了：一个末日废土背景下的浪漫主义故事，同时融入时代主题——绿色节能与可持续发展的现代精神。据此思路，创作团队深入思考内在的叙事要素与意象设计，如"怎么样的末世废土场景""此环境下角色怎么运动""基于这一主题应当如何使得故事更加鞭辟入里"等。综合画面美学和叙事艺术两方面的考量，创作团队最终敲定的表达方式是：打造一部含有中国武侠元素、融入悲喜剧情感的主流动画。

　　首先，在场景美术方面，创作团队认为：动画与其他影像的不同之处在于，动画中的所有的元素，如人物、景观、光线、色调等，完全受作者掌控，不受自然规律或者现实逻辑的限制，因而动画的内容更多地源于创作者本身而并非外界，这种优势使得动画片天生适合进行心象的表达。但这并不意味着动画片没有逻辑，恰恰相反，动画是严谨地按照创作者的逻辑运行的。这就是它的内在逻辑。因此，动画的真实不仅仅体现在影像的真实，也体现在心理的真实。在动画的创作上，也要更多地关注绘画的部分，尤其是美术设计，一是在于帮助创作者表现现实中的以及作品内部存在的逻辑，二是在于在视觉上更多关注镜头表现出的"画"的感觉。因此，在影像处理上，创作团队虽有很多手法可达成此种目的，但直接绘画无疑是首选，如图 6-118、图 6-119 所示。

图 6-118　《末路异客》场景原画 1

图 6-119 《末路异客》场景原画 2

其次，动画同样具有其他视听艺术的特点。为适应本片的整体基调，在保留绘画性的同时，创作团队注意运用景深营造画面氛围与空间，尽力使画面在真实和虚幻之中找到平衡感，以一种似真似幻的感觉营造模糊想象与现实的边界。这种选择也是基于动画故事整体考虑所作的安排。为达到这种效果，一方面，创作团队进行了广泛的现实取景，在实地拍摄大量画面作为参考，并且制作一些简易的模型以易于创作团队进行调整，如图 6-120 所示。

图 6-120 《末路异客》场景原画(选址：杭州地铁定安路地铁站 C 口)

　　而另一方面，依据美术设计原理，在进行原画绘制时需要注意和场景的匹配度，透视和地平线一定要对上，创作团队别出心裁地使用了场景先行的办法。例如，在绘制包含多个角色的日常场景时，如果一个镜头很长，但它又是一个过渡镜头，不需要着重表演时，可以把角色表演时间错开，在镜头中设置焦点来引导观众的视觉中心。又如，注意角色运动时，衣服与头发的随动；角色剪影的形状要好看，动作也舒展，运动的时候尽量让全身动起来，哪怕幅度不大也可以通过同描达到更加生动的效果，运动形态尽量贴合运动曲线，否则可能会显得很生硬或跳帧。而有些时候人物的绘制则可以主观地加大透视或加点短焦透视才会更有冲击力，如图 6-121、图 6-122 所示。

图 6-121　《末路异客》剧照

图 6-122　《末路异客》剧照——特写镜头

　　在原画设计上，对角色表演的把握是一个难点。本片作者在对节奏的把握和整体的感知上花了不少工夫。例如，打斗时须注意快慢节奏的变化，可以增加蓄力的时间来强化打击感，镜头设计时可以用快慢快或者快快慢等方式的穿插去强化运动的节奏。日常表演的 pose，尤其是固定时间较长的动作，则一定要把体态和动作画舒展，而日常表演的时候可以多加点小动作，会让形象更加生动。

参考文献

[1]李智勇. 二维数字动画[M]. 北京：高等教育出版社，2012.

[2]陈淑娇，王巍，刘正宏. 二维无纸动画制作[M]. 北京：高等教育出版社，2010.

[3]Adobe. Animate 用户指南. https：//helpx. adobe. com/cn/animate/ user-guide. html，2021.